U0159391

新能源发电设备
技术监督及典型案例分析

刘永江　丛　雨　曹　斌
刘　宇　张秀琦　王　琪　编著

中国电力出版社
CHINA ELECTRIC POWER PRESS

内容提要

随着新型电力系统的构建，新能源发电迎来快速增长。本书依据技术监督相关标准，对新能源发电设备的关键部件和系统进行划分，详细介绍了风力发电设备和光伏发电设备各关键部件和系统的结构组成、工作原理、功能特点，并根据新能源发电设备技术监督实际工作经验，总结了技术监督内容及常见问题，同时结合大量生产实践案例分析，提出技术监督建议，为新能源发电设备生产运行、维护管理、故障处理提供了有价值的参考。

本书可作为新能源企业管理、场站运维及新能源技术监督相关工作人员的参考用书，也可供新能源设备生产商在设备设计、制造、安装、维护、优化、寿命评估等过程中借鉴使用。

图书在版编目（CIP）数据

新能源发电设备技术监督及典型案例分析 / 刘永江等编著. —北京：中国电力出版社，2023.11
ISBN 978-7-5198-8032-3

Ⅰ. ①新…　Ⅱ. ①刘…　Ⅲ. ①新能源–发电设备　Ⅳ. ①TM61

中国国家版本馆 CIP 数据核字（2023）第 143273 号

出版发行：中国电力出版社
地　　址：北京市东城区北京站西街 19 号（邮政编码 100005）
网　　址：http://www.cepp.sgcc.com.cn
责任编辑：刘汝青（010-63412382）　柳　璐
责任校对：黄　蓓　马　宁
装帧设计：赵姗姗
责任印制：吴　迪

印　　刷：三河市万龙印装有限公司
版　　次：2023 年 11 月第一版
印　　次：2023 年 11 月北京第一次印刷
开　　本：787 毫米×1092 毫米　16 开本
印　　张：13.5
字　　数：272 千字
印　　数：0001—1000 册
定　　价：88.00 元

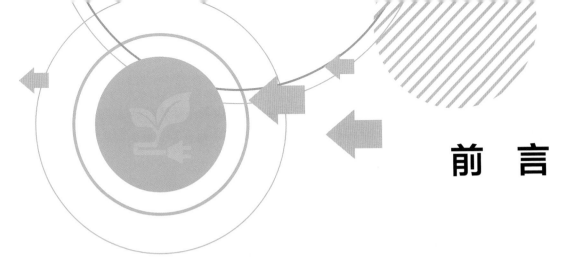

前　言

　　随着化石能源资源的日益枯竭，能源结构发生重大变化，风电、光伏发电等清洁能源迎来了快速发展，在我国"碳达峰、碳中和"目标背景下，构建新型电力系统举措将会进一步促进新能源发电装机的迅猛增长，新能源逐渐成为能源供应安全保障的主力军。

　　我国新能源装机主要分布在风光资源丰富的高原、沙漠、戈壁、荒原、海岸等地区，风力发电和光伏发电设备运行环境恶劣，随着运行年限的不断增加，设备故障和问题也逐渐凸显，给新能源企业的安全生产、经济效益、管理水平带来越来越多的影响。新能源场站中最主要的运行设备是风力发电系统和光伏发电系统，通过专业技术监督的手段和方法对新能源设备关键部件和系统开展全过程、全方位、全覆盖、全环节的技术监督，是保障新能源发电设备安全、可靠、经济、高效运行的一项重要工作。

　　随着新能源发电设备技术的不断发展，技术监督工作将不断面临新的难点问题。为提高新能源发电企业提升设备安全运行水平，加强技术监督工作人员发现问题和解决问题的能力，本书对现有新能源发电设备技术监督的成果进行总结，为大规模新能源并网的发电设备安全运行提供技术指导和工作思路方法。

　　本书根据编著者团队十余年新能源发电设备技术监督的实际工作经验，结合新能源发电技术监督相关标准要求，总结了设备运行中遇到的常见问题，通过大量典型案例分析，提出了技术监督建议。本书各章节内容如下：

　　第一章概述了新能源发展背景和现状，简要介绍了风力发电和光伏发电设备的关键组成部件和系统，分析了开展新能源发电设备技术监督的必要性，阐述了新能源发电设备技术监督内容及管理体系。

　　第二～六章按照风电机组的风轮系统、传动系统、液压及制动系统、偏航系统和控制系统进行划分编写，第七、八章按照光伏发电系统的光伏组件、逆变器及汇流箱进行划分编写。第二～八章均详细介绍了新能源发电设备各系统或部件的组成结构、工作原理、功能用途，阐述了技术监督的具体工作内容，结合设备实际运行总结了技术监督发现的常见共性问题，分析了问题的表现及原因，并通过大量典型故障案例的深度剖析，提出了有效的解决措施和技术监督建议。

第九章针对新能源并网性能要求，从电能质量、功率控制能力、故障电压穿越能力、电网适应性、功率预测、一次调频等方面，介绍了新能源网源协调的技术要求，结合实际技术监督工作中的典型案例数据，分析总结了新能源场站在涉网性能方面存在的共性问题，提出了整改建议和措施。

在本书编写过程中，参考了大量新能源发电设备工作原理、运行维护、典型故障案例介绍和分析的相关文献资料，整合了编著者从事近 200 座新能源发电场站技术监督的工作成果和经验，同时吸收了国内外相关领域的研究成果。

本书由内蒙古电力（集团）有限责任公司刘永江，内蒙古电力科学研究院曹斌，新能源技术研究所丛雨、刘宇、张秀琦、王琪编著。刘永江编写第一章，并对统筹全书各章节内容做了大量工作；丛雨编写第三、五、七、九章；曹斌编写第四章；刘宇编写第二章；张秀琦编写第六章；王琪编写第八章，并对本书校稿做了大量工作。

感谢辛东昊、李勇、赵永飞、郭凯、田文涛、孟庆天、杨晓辉、顾宇宏、原帅、王立强、王乐媛、苏珂、苗丽芳、何芳、刘鸿清、邢伟等同志，做了许多现场技术监督、技术服务、事故分析、资料整理等工作。

由于水平有限、时间仓促，疏漏和不足之处在所难免，恳请广大读者多提宝贵意见。

编著者

2023 年 7 月

前　言

第一章

新能源发电设备技术监督概述

第一节 新能源发展现状

随着全球化石能源逐渐枯竭、能源供应紧张和不确定性、碳排放导致的气候变化形势严峻等问题的凸显，世界各国都认识到了能源发展低碳绿色转型的重要性。风能、太阳能作为最为常见的清洁能源，可开发量巨大，具有很好的发展可持续性，各国纷纷出台鼓励新能源发展的政策和举措，促进风力发电、光伏发电等新能源的快速发展。同时，随着新能源发电技术的进步，建设和发电成本快速下降，新能源逐渐成为电力能源的主力军。

2021 年，全球有 140 多个国家明确了各自的碳中和发展目标及路径。2021 年 11 月的联合国气候变化大会上，各国进一步明确了气候目标并形成了系列共识，该次会议成果成为《巴黎协定》签订以来全球气候治理进程的又一重要里程碑。鉴于碳中和目标的实现及路径选择很大程度上依赖能源转型，新能源作为最为典型和技术成熟的清洁能源，又一次迎来了全球快速发展的新机遇。据国际可再生能源署统计，截至 2021 年底，全球可再生能源的总装机容量达到 3064GW，同比增加 9.1%。其中，太阳能和风能装机容量为 849GW 和 825GW，占比分别为 28% 和 27%，太阳能装机容量同比增长 19%，居首位，其次是风能，同比增长 13%。

全球各国新能源都呈现快速发展态势。欧美作为全球主要发达经济体，在新能源发展方面一直是重要标杆和引领者。2021 年欧美在新能源的发展上再进一步，据美国能源部可再生能源办公室发布最新报告预计，到 2035 年太阳能将供应美国 40% 的电力，到 2050 年这一比例将进一步提升至 45%。风电方面，2021 年美国海上风力发电发展速度显著加快。欧洲方面则坚持以提升可再生能源高占比为目标并不断加快新能源建设。据欧洲光伏产业协会光伏发展报告显示，2021 年是欧盟太阳能发展提速的一年，新增光伏发电容量达到 26GW，同比增长 34%。预计到 2025 年，欧盟累计光伏发电装机容量将达到 328GW，到 2030 年，预测光伏发电总容量将达到 672GW。欧洲也是全球风电行业较成熟的地区，预计到 2025 年末风力发电累计装机容量将达到 105GW。从欧洲各国的风电发展前景来看，英国将海上风力发电作为发展重点，预计保持 14.6GW 的年均装机量增长，德国则是以陆上风力发电作为发展重点，预计年均装机容量增长达到 13GW。

2020 年 9 月，习近平总书记在第七十五届联合国大会一般性辩论上提出了我国"碳达峰、碳中和"（简称"双碳"）目标，二氧化碳排放力争于 2030 年前达到峰值，努力争取 2060 年前实现碳中和。针对该目标，我国先后出台《中共中央　国务院关于完整准确全面贯彻新发展理念做好碳达峰碳中和工作的意见》和《2030 年前碳达峰行动方案》，进一步明确和细化了碳达峰、碳中和的发展道路。根据公开数据资料显示，2020 年我国全社会碳排放约 106 亿 t，其中电力行业碳排放约 46 亿 t，占全社会碳排放总量的 43.4%。作为全社会碳排放最高的行业，电力行业是实现"双碳"目标的主战场。电力行业的零碳化需要接入高比例新能源，在此背景下新型电力系统概念应运而生。

新型电力系统是以承载实现碳达峰碳中和，贯彻新发展理念、构建新发展格局、推动高质量发展的内在要求为前提，以能源电力安全保障为基本要求、以满足经济社会发展电力需求为首要目标、以最大化消纳新能源为主要任务，具有清洁低碳、安全可控、灵活高效、智能友好、开放互动基本特征的电力系统。在国家、部委及地方层面，新型电力系统或相关产业要求均被列入了"十四五"规划中。在《中华人民共和国国民经济和社会发展第十四个五年规划和 2035 年远景目标纲要》中提到，"十四五"期间，要推进能源革命，建设清洁低碳、安全高效的能源体系，提高能源供给保障能力。加快发展非化石能源，坚持集中式和分布式并举，大力提升风电、光伏发电规模，非化石能源占能源消费总量比重提高到 20% 左右，同时加快电网基础设施智能化改造和智能微电网建设，提高电力系统互补互济和智能调节能力，加强源网荷储衔接，提升清洁能源消纳和存储能力。2021 年 3 月的中央财经委员会第九次会议上，提出要构建清洁低碳安全高效的能源体系，控制化石能源总量，着力提高利用效能，实施可再生能源替代行动，深化电力体制改革，加快新型电力系统中新能源比例提高。《"十四五"现代能源体系规划》（发改能源〔2022〕210 号）中提出，构建新型电力系统，推动电力系统向适应大规模高比例新能源方向演进。统筹高比例新能源发展和电力安全稳定运行，加快电力系统数字化升级和新型电力系统建设迭代发展，全面推动新型电力技术应用和运行模式创新，深化电力体制改革。《"十四五"可再生能源发展规划》（发改能源〔2021〕1445 号）中也提到，需要统筹电源与电网、可再生能源与传统化石能源、可再生能源开发与消纳的关系，加快构建新型电力系统，提升可再生能源消纳和存储能力，实现能源绿色低碳转型与安全可靠供应相统一。随着新型电力系统构建，新能源将不断发展为电力系统的第一大主力电源，我国新能源又一次迎来了高速发展。

2021 年，我国可再生能源发电装机规模历史性突破 10 亿 kW，水电、风电装机均超 3 亿 kW，海上风力发电装机规模跃居世界第一，新能源年发电量首次突破 1 万亿 kWh 大关，继续保持领先优势。其中，风力发电并网装机容量已连续 12 年稳居全球第一，约占全国电源总装机比例的 13%，发电量占全社会用电量比例约 7.5%，较 2020 年底分别提升约 0.3、1.3 个百分点。新能源消纳取得新进展，风力发电、光伏发电利用率分别达到 96.9%、97.9%。

2022 年，全国风电、光伏发电新增装机容量突破 1.2 亿 kW，达到 1.25 亿 kW，连续三年突破 1 亿 kW，再创历史新高。全年可再生能源新增装机容量 1.52 亿 kW，占全国新增发电装机容量的 76.2%，已成为我国电力新增装机的主体，其中风电新增 3763 万 kW、太阳能发电新增 8741 万 kW。截至 2022 年底，可再生能源装机容量突破 12 亿 kW，达到 12.13 亿 kW，占全国发电总装机容量的 47.3%，较 2021 年提高 2.5 个百分点。其中，风电 3.65 亿 kW、太阳能发电 3.93 亿 kW、生物质发电 0.41 亿 kW、常规水电 3.68 亿 kW、抽水蓄能 0.45 亿 kW。

2022 年，我国风电、光伏发电量突破 1 万亿 kWh，达到 1.19 万亿 kWh，较 2021 年增加 2073 亿 kWh，同比增长 21%，占全社会用电量的 13.8%，同比提高 2 个百分点，接近全国城乡居民生活用电量。2022 年，可再生能源发电量达到 2.7 万亿 kWh，占全社会用电量的 31.6%，较 2021 年提高 1.7 个百分点，可再生能源在保障能源供应方面发挥的作用越来越明显。

未来随着新型电力系统的建设，一大批新能源重大基地工程将快速推进，以沙漠、戈壁、荒漠地区为重点的大型风电光伏基地建设进展顺利。同时，新能源技术不断进步，推动新能源装备质量不断提升，陆上 6 兆瓦级、海上 10 兆瓦级风电机组已成为主流，量产单晶硅电池的平均转换效率已达到 23.1%，我国生产的光伏组件、风力发电机、齿轮箱等关键零部件已占全球市场份额的 70%。光伏治沙、"农业＋光伏"、可再生能源制氢等新模式新业态不断涌现，分布式与集中式风电光伏并举发展，新能源消纳新方式不断涌现，2022 年分布式光伏新增装机容量 5111 万 kW，占当年光伏新增装机容量的 58% 以上。新能源的快速发展推动我国加快形成绿色低碳生产方式，加速能耗"双控"向碳排放总量和强度"双控"转变，不断提升绿色电力消费水平。

第二节　新能源发电设备简介

风能、太阳能作为一次能源，需要经过能量转化才能变为电能，新能源发电设备是完成这一能量转化过程的设备。其中，风力发电设备能够将风能转化为发电机转子的动能，再由转子动能转化为电能；光伏发电设备能够通过光电作用将太阳能直接转化为电能。在典型的新能源发电场站中，所有新能源发电设备发出的电能通常被汇集到一起集中送出至电网或用户，如图1-1所示。

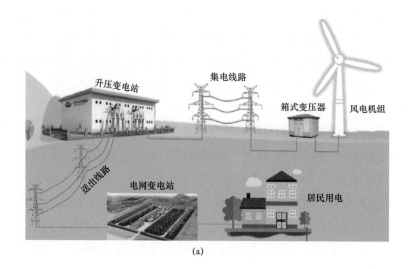

(a)

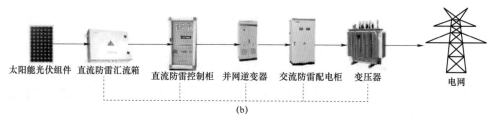

(b)

图1-1　典型新能源发电场站并网发电原理

（a）风电场发电原理；（b）光伏发电站发电原理

（一）风力发电设备

风力发电机组是将风的动能转换为电能的设备。我国风电场所使用的主流机型包括双馈异步风力发电机组和直驱风力发电机组。双馈异步风力发电机（doubly fed induction generator，DFIG）是应用最为广泛的风力发电机，其定子绕组直接与电网相连，转子绕组通过变流器与电网连接，转子绕组电源的频率、电压、幅值和相位按运行要求由变频器自动调节，机组可以在不同的转速下实现恒频发电，满足用电负载和并网的要求。直驱风力发电机（direct-driven wind turbine generator）是一种由风力直接驱动的发电机，亦称无齿轮风力发电机，这种发电机采用多极电机与叶轮直接连接进行驱动的方式，免去了齿轮箱这一传统部件。

在风力发电机组中，按照功能的不同，主要可划分为风轮系统、传动系统、液压及制动系统、偏航系统、控制系统等。

1. 风轮系统

在风力发电机组中，风轮系统是将风能转化为机械能的系统，包括叶片、轮毂以及变桨系统，如图 1-2 所示。叶片是风力发电机组的动力来源部件，轮毂连接 3 个叶片组成风轮，风轮捕捉风能，通过主轴把风能传递给发电机转轴。变桨系统的齿轮分布在轮毂圆周，齿轮内侧有轴承，叶片根部安装在轴承内，变桨驱动装置驱动叶片在轴承内旋转就能实现变桨过程。

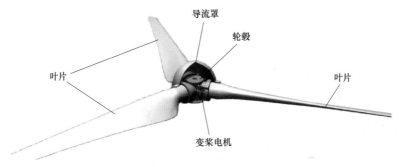

图 1-2　风轮系统

2. 传动系统

风力发电机组传动系统包括齿轮箱、主轴、发电机及联轴器等主要设备，是将风速转化为发电机所需转速的关键部件，如图 1-3 所示。齿轮箱是该系统的主要部件，一般在双馈或半直驱风力发电机组上使用，是一种在随机动态载荷条件下运行的低速、重载、增速齿轮传动装置。主轴是叶轮和齿轮箱的连接部分，其两端分别与轮毂和增速齿轮箱的输入轴相连，并通过滚动轴承安放在主机架上，在风力发电机组的机械传动链中具有传动能量的作用。发电机是将风轮的机械能转换为电能的装置，分为异步发电机和同步发电机两种。联轴器安装于风力发电机组主传动链的增速器和发电机之间，起着连接传递扭矩、各向补偿和绝缘保护等作用。

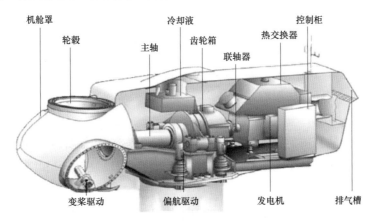

图 1-3　传动系统

3. 液压及制动系统

在风力发电机组中，液压系统主要用于风力发电机组的机械制动机构、变桨距机构、偏航系统驱动和偏航制动中。此外，在发电机冷却、变流器温度控制以及齿轮箱润滑油的冷却中，液压系统都发挥着重要作用，如图1-4所示。

4. 偏航系统

偏航系统通过与风力发电机组的控制系统相互配合，控制风轮始终处于迎风状态，充分利用风能，提高风力发电机组的发电功率，同时，偏航系统能够提供必要的锁紧力矩，保证风力发电机组安全运行。偏航系统结构如图1-5所示。

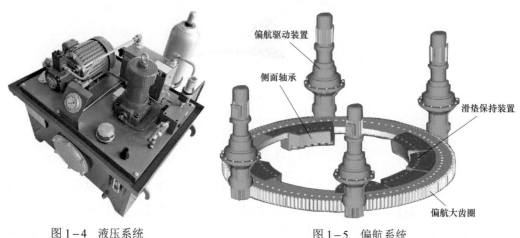

图1-4　液压系统　　　　　　　　　图1-5　偏航系统

5. 控制系统

控制系统主要由安全系统、主控系统、变流器及通信系统组成，如图1-6所示。安全系统也称为安全链，是独立于计算机系统的软硬件保护措施，将可能对风力发电机组造成严重损害的故障节点串联成一个回路，其中一个节点动作，将引起整个回路断电，机组进入紧急停机状态，保护设备安全。主控系统是采集风力发电机组信息及其工作环境信息，保护和调节风力发电机组，使其保持在工作要求范围内的系统。变流器是将发电机发出的电能输入电网的关键装置，其主要功能是在转子转速变化时，通过变流器控制励磁的幅值、相位、频率等，使定子侧能向电网输入恒频电。通信系统则是风力发电机组实现内部控制和外部监控的关键系统。

（二）光伏发电设备

光伏发电系统是利用半导体材料的光伏效应，将太阳辐射能转化为电能的一种发电系统，主要设备包括太阳能电池组件、电力电子变换器（逆变器）和汇流箱等。

1. 太阳能电池组件

用于光电转换的最小单元是太阳能电池单体，尺寸一般为 $4\sim100\text{cm}^2$，工作电压为 $0.45\sim0.50\text{V}$，工作电流为 $20\sim25\text{mA/cm}^2$，因而不能单独作为电源使用。在光伏发电系统中，需要将太阳能电池单体进行串联、并联和封装，形成太阳能电池组件。它的功率可以从几瓦到几百瓦，可以单独作为电源使用。光伏发电站一般将太阳能电池组件经过串联、并联后安装在支架上，形成太阳能电池阵列进行集中发电，它可以输出几百瓦、几千瓦甚至更大的功率，如图 1-7 所示。

图 1-6　控制系统　　　　　　　　图 1-7　太阳能电池阵列

2. 逆变器

太阳能电池阵列在阳光照射下产生直流电，不能直接输送到交流电网或者给交流负荷使用，因此需要一种把直流转换为交流的装置，这就是电力电子变换器，也称为逆变器，如图 1-8 所示。光伏发电系统中的逆变器是一种变流装置，其作用是把太阳能电池阵列所发出的直流电转换为一定频率和电压的交流电。逆变器一般分为集中式逆变器、组串式逆变器及集散式逆变器。

图 1-8　光伏逆变器

3. 汇流箱

汇流箱在光伏发电系统中是保证光伏组件有序连接和汇流功能的接线装置，如图1-9所示，该装置能够保障光伏系统在维护、检查时易于切断电路，当光伏系统发生故障时减小停电的范围。光伏发电系统一般将一定数量、规格相同的光伏电池组件串联起来，组成一个个光伏串列，再将若干个光伏串列并联接入光伏汇流箱，通过光伏逆变器转换为交流电后，实现升压并网或供给负荷用电。

图1-9 汇流箱

汇流箱是连接光伏组件和并网逆变器之间的关键设备，简化了光伏组件和逆变器之间的电线连接，多个光伏组件串联汇流，可通过汇流箱装置进行电压、电流监测，方便工作人员维护，还可配置浪涌装置和防雷装置，提升系统的安全可靠运行水平。

第三节 新能源技术监督体系

一、新能源发电设备技术监督必要性

我国新能源大多分布在风光资源丰富的高原、海岸、沙漠等地区，由于新能源发电设备运行环境恶劣和投运年限增加，设备问题也逐渐凸显。新能源发电设备的状态对新能源企业的安全生产、经济效益、管理水平有很大影响，开展新能源发电设备技术监督为解决上述问题提供了途径。

（1）安全生产方面。新能源企业开展技术监督工作，能够提升新能源发电设备可靠性，防止事故发生，确保设备安全。由于新能源场站通常难以配备规模化的运维队伍，单个场站内有众多发电设备，分布也较为分散，因此对发电设备的运行状态监测及检修维护难度较大。部分新能源发电设备由于安装时间较早、技术不成熟或设备老化等原因反复出现问题，对场站的正常运行造成极大困扰。发电设备的故障常常由某个系统或部

件的小问题发展而成，如果处理不及时、方法不得当，极易使故障扩大，甚至引发整站事故。因此，需要通过技术监督来帮助场站及时发现和消除设备的缺陷和隐患，确保设备和场站安全生产运行。

（2）经济效益方面。新能源企业开展技术监督工作，能够降低发电设备的停机概率，增加利用时长，降低损失，提高效益。发电设备故障停机对新能源企业的直接影响是发电量的损失，因此通过技术监督来提升设备的可靠性，降低停机的频次和时长，增加发电量，能为发电企业带来效益的显著提升。此外，在实际运行的新能源场站中，现场人员常常仅针对设备缺陷及故障本身进行处理，没有深层次分析如何避免类似事件再次发生，导致同样的缺陷或故障多次出现，一方面造成发电效益的直接损失，另一方面也加大了备品备件的消耗量。技术监督可以通过对现场运行、检修记录等资料进行检查，分析其产生缺陷故障的深层次原因，并对其运维提出相应建议，解决困扰设备正常运行的关键问题。

（3）管理水平方面。新能源企业开展技术监督工作，有助于提升现场对发电设备的管理能力，也有助于新能源发电企业加强管理体系建设。通过制定技术监督制度、完善技术监督管理体系，现场能够充分认识到技术监督工作的重要性，并对发电设备进行更加精细的监测、运维；同时，新能源发电企业能够以技术监督工作为抓手，加强对新能源场站的常态化和精细化管理，将以往不成熟的、借鉴火电的管理模式转变为符合新能源发电实际状况的、更加高效的管理模式。

二、新能源发电设备技术监督内容及体系

根据 NB/T 10110—2018《风力发电场技术监督导则》、NB/T 10113—2018《光伏发电站技术监督导则》的规定，风力发电机组技术监督内容主要包括风轮系统、传动系统、液压系统、制动系统、偏航系统及控制系统等关键系统及设备的技术监督，光伏发电设备技术监督的内容主要包括光伏组件、逆变器及汇流箱的技术监督。

新能源发电设备技术监督在实行过程中，要建立相应的监督管理体系，各级机构要落实技术监督的管理职责，遵循相关管理要求，主要内容包括监督报告、签字验收、责任处理及预警、告警、整改等。

新能源发电设备技术监督应实行三级管理，第一级为总公司（或政府归口管理机构），第二级为新能源企业，第三级为新能源场站。

（一）总公司（或政府归口管理机构）职责

（1）总公司是技术监督工作的管理主体，建立技术监督三级网络，成立技术监督管理委员会，健全技术监督组织机构，落实技术监督岗位责任制，指导所属新能源企业开展技术监督工作。

（2）贯彻执行国家、行业和集团公司电力技术监督的制度、规程、标准、导则和技

术措施等，制定、修编本公司技术监督制度。

（3）组织所属新能源企业编报本公司技术监督年度工作计划和本公司技术监督定期报告。

（4）组织所属新能源企业完成集团公司技术监督管理平台各项业务，负责相关数据和有关业务的审核，确保平台业务按时高质量完成。

（5）负责对所属新能源企业开展技术监督检查评价，参与集团公司组织开展的技术监督检查评价工作；组织对技术监督重大问题签发告警通知单，督促所属新能源企业技术监督重大问题的闭环整改；负责对所属新能源企业开展技术监督考评工作。

（6）组织并参与所属新能源企业重大隐患、缺陷或事故的分析调查，开展重点技术问题研究和分析，制定重大技术措施。

（7）组织召开本公司技术监督年会和专业会议，开展专业技术交流和培训，推广先进管理经验和新技术、新设备、新材料、新工艺。

（二）新能源企业职责

（1）新能源企业是技术监督工作执行主体，同时承担管理责任和监督责任。负责建立新能源企业技术监督三级网络，成立本企业技术监督管理委员会，健全技术监督组织机构，落实技术监督岗位责任制，指导所属新能源场站开展技术监督工作。

（2）贯彻执行国家、行业、集团公司电力技术监督的标准、规程、制度、导则和技术措施等，制定符合本企业实际情况的技术监督制度及实施细则。

（3）制定落实本企业技术监督年度目标和工作计划，按时编报技术监督有关报表和定期报告。

（4）按时完成集团公司技术监督管理平台各项业务。

（5）掌握本企业设备运行、检修和缺陷情况，对技术监督重大问题认真分析原因，制定防范措施，及时消除隐患，并按时上报有关情况。

（6）按所在电网并网发电厂辅助服务管理实施细则、发电厂并网运行管理实施细则的要求开展涉及电网安全、调度、检修、技术管理等技术监督工作。

（7）建立健全电力建设、生产全过程技术档案（含设备台账）。

（8）组织新能源场站开展技术监督自查自评，配合上级单位做好检查评价工作，对技术监督重大问题签发告警通知单，抓好本企业技术监督检查评价问题的闭环整改工作。

（9）开展各级设备隐患、缺陷或事故的技术分析和调查工作，制定技术措施并严格落实。

（10）定期组织召开本企业技术监督工作会议，开展专业技术培训，推广和采用先进管理经验和新技术、新设备、新材料、新工艺。

（三）新能源场站职责

（1）新能源场站是技术监督工作的实施主体，贯彻执行国家、行业、集团公司的新能源技术监督的标准、规程、制度、导则和技术措施等，落实本场站技术监督年度目标和工作计划，按时编报技术监督有关报表和定期报告。

（2）掌握本场站设备的运行、检修和缺陷情况，对技术监督重大、一般问题认真分析原因，制定防范措施，及时消除隐患，并按时上报有关情况。

（3）按所在并网发电厂辅助服务管理实施细则、发电厂并网运行管理实施细则的要求开展涉及电网安全、调度、检修、技术管理等技术监督工作。

（4）建立健全新能源场站建设、生产全过程技术档案（含设备台账）。

（5）开展技术监督自查自评，配合上级单位做好检查评价工作，落实本场站技术监督检查评价问题的闭环整改工作。

（6）开展各级设备隐患、缺陷或事故的技术分析和调查工作，制定技术措施并严格落实。

第二章

风电机组风轮系统技术监督

在风电机组中，风轮系统是将风能转化为机械能的系统，包括叶片、轮毂以及变桨系统。轮毂连接 3 个叶片组成风轮，捕捉风能，并通过主轴把风能传递给发电机转轴，实现机械能到电能的转换。变桨系统的齿轮分布在轮毂圆周，齿轮内侧有轴承，叶片根部安装在轴承内，变桨驱动装置驱动叶片在轴承内旋转实现变桨过程。在实际运行中，叶片可能会出现表面损伤、覆冰、雷击等问题，导致叶片使用寿命下降，甚至发生折断等重大事故。叶片与轮毂之间通过螺栓连接，由于作用在叶片上的力首先通过叶片螺栓传给变桨轴承等部件，因此螺栓会承担较大且复杂的应力，进而引发失效断裂等故障，严重危害机组安全运行。变桨系统则是一套较为复杂的系统，在其运行过程中关键部件出现问题的概率较大，如变桨电机、变桨轴承、限位开关及变桨电池等，这些部件的可靠性决定了整个变桨系统的可靠性，变桨系统如果不能正确有效地执行变桨动作，可能会使风电机组出现倒塔等严重事故。因此，有针对性地加强对风轮系统各部件的技术监督，对提升风电机组运行的可靠性和安全性具有重要意义。

本章首先对风轮系统中的叶片、变桨系统及轮毂进行介绍，简要说明其工作原理及作用，然后详细介绍对各部件进行技术监督的内容以及在实际运行中存在的常见问题，最后根据典型故障案例，深入分析发生故障的原因，并从技术监督的角度给出相关处理建议。

第一节 风 轮 系 统 简 介

一、叶片

叶片作为风电机组的动力来源部件，可以应变风资源环境复杂变化带来的各种运行状况。随着风电机组额定功率的不断增加，叶片的长度不断加大，同时叶片材料强度与刚度等性能需求也不断提高。风电机组叶片常采用真空灌注成型工艺，该方法比较成熟，制造出来的叶片承载能力、强度和韧性都有一定程度的提高。一般兆瓦级风电机组的叶片由复合材料构成，多采用玻璃纤维增强复合材料，基体材料为聚酯树脂或环氧树脂。风电机组叶片整体结构如图2-1所示。

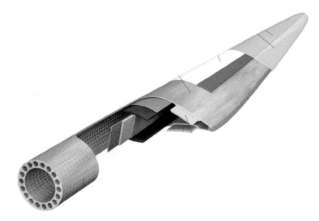

图2-1　风电机组叶片整体结构

二、轮毂

轮毂是风电机组中一个重要的支撑部件，如图2-2所示，主要有三叉形和球形两种结构。

图2-2　风电机组轮毂

轮毂应具有足够的刚度和强度，以保证机组在各种载荷工况下的正常运转，以及在遭受恶劣气候条件影响时的安全运行。轮毂不但要满足设计上的要求，还要减轻自身质量，以降低生产成本。风电机组多采用三叶片刚性轮毂，它具有尺寸小、质量小的特点。

13

轮毂与风电机组主轴通过螺栓相互连接，同时也与安装风轮叶片的变桨轴承相互连接，并将风轮叶片通过风所产生的扭矩通过风电机组主轴传递给齿轮箱。轮毂的自身结构比较复杂，其驱动法兰面通过螺栓与风电机组主轴的外端面固定连接，三个夹角为120°的轮毂外伸延长节与叶片的变桨轴承也通过螺栓相互连接在一起。叶片上产生的各种气动载荷和叶片自身质量都通过变桨轴承作用在轮毂的延长节上，然后传递到轮毂的各个受力部位上。

三、变桨系统

变桨系统是风电机组的重要组成部分，是风电机组叶片调节装置，可通过调节叶片角度使风电机组获得最大的风能利用率，并在不同的风况下控制功率与转速的平衡，如图 2-3 所示。当风速较大时，桨距角适当增大，控制风能的吸收，减少风力对风电机组的冲击；风速较小时，桨距角适当减小，以保证风电机组获取最大的风能。在并网过程中，变桨系统可实现快速无冲击并网，同时在风电机组发生故障时使叶片调整到安全位置，以保证风电机组的安全。

变桨系统位于风电机组的轮毂上，轮毂圆周分布着 3 个变桨齿轮，齿轮内侧有轴承，叶片根部安装在轴承内，叶片在轴承内旋转就改变了桨距角。在叶片根部安装有变桨距驱动电动机，其减速器输出安装有小齿轮与变桨距齿轮啮合，当电动机转动时即可带动变桨齿轮。每个叶片单独采用一套变桨驱动电动机与相关部件的为独立电动变桨系统，尽管 3 套变桨装置独立，但桨距角变化是按规律同步的。

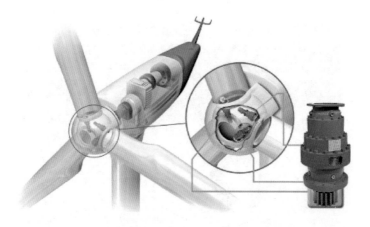

图 2-3　变桨系统示意图

变桨控制的主要目的是在风电机组主控的协调控制下，接受机组主控的变桨控制指令。在风速低于风电机组额定风速的情况下，使叶片稳定控制在 0°附近，保持风能的最大可利用率；在风速高于额定风速的情况下，调整叶片角度大于 0°，保持风电机组功率为额定值，同时保持机组稳定可靠运行。当风速超过切出风速时能按照主控系统的指令及时回桨。

当出现极端风况或紧急停机时，变桨控制系统首先断开与外部系统电源的连接，开始自动切换到蓄电池供电回桨模式，使叶片能转到机组设定的安全位置。当叶片回到安全位置后，通过安装在安全位置处的限位开关，中断蓄电池供电完成整个紧急变桨过程。由于 3 个叶片分别受不同的伺服电机控制，因此具有冗余功能，任意 1 个叶片控制出现故障，并不影响其他 2 个叶片的正常变桨工作，从而保证系统的安全性和可靠性。

第二节　监督内容及设备维护

一、技术监督常见问题

风电机组风轮系统在实际运行中经常遇到问题，叶片常见问题主要包括表面损伤及断裂、覆冰故障、雷击；变桨系统常见问题主要包括变桨电机故障、变桨轴承故障、限位开关故障、变桨电池故障；轮毂常见问题主要包括螺栓断裂等。

（一）叶片常见问题

1. 表面损伤及断裂

陆地风电机组叶片在沙尘、雨水常年的侵蚀下，会出现腐蚀情况，在日积月累的磨损中演变成叶片翼型形变；海洋上方的大气具有较高的空气湿度，与空气中的氯化物结合很容易形成盐雾，当盐雾与海上风电机组叶片上的金属接触时，就会产生一定程度的电化学腐蚀。叶片是风电机组捕捉风能的关键部件，发生腐蚀并产生形变的叶片会造成捕获风能效率下降，导致风电机组发电效率降低。

叶片表面开裂属于叶片表面损伤的另一类情况，由于叶片壳体由树脂胶衣包裹而成，树脂类材料会在使用过程中逐渐出现老化、开裂甚至剥落的损坏情况，叶片表面树脂的开裂和剥落会加快叶片损伤的进程，裸露梁体的刚度和强度都会降低，进而在外界恶劣环境的影响下发生折断，造成重大风电机组运行事故的发生。

此外，风电机组叶片暴露在室外，工作环境恶劣，如果原材料或生产工艺存在问题，经过长时间的运行，表面可能会发生一定龟裂，这些裂纹开始较小，不易发现，但随着运行时间延长会逐渐变大，影响叶轮受力，造成传动链受力不均。此外，随着疲劳度的增加，叶片老化也会导致叶片开裂和质量变轻。风电机组叶片通常需要足够强的承受力去捕获风能，但当遇到非正常风况时，如台风、强阵风等，就会有超出叶片最大承受强度的力作用在其表面，导致叶片折断甚至塔筒拦腰折断等重大事故发生。

2. 覆冰故障

叶片覆冰故障是常见的叶片故障之一，该故障在海拔较高、空气较为潮湿地区的风电场更为常见。当温度非常低且湿度较大时，水滴遇到风电机组旋转叶片，易导致叶片边缘覆冰。在机组停机时，覆冰面积可能扩大到整个叶片。叶片覆冰部位主要为叶片边缘部分，覆冰后会影响叶片的空气动力特性，削弱叶片捕获风能的能力，降低机组的输出功率。若不及时除冰，机组在结冰的状态下继续运行，不仅会使叶片侧翼的气动阻力和质量增加，导致叶片的不平衡，还会造成机组产生大量振动，有可能改变叶片的最初频率，导致疲劳负载过高，严重时甚至会使机组脱网停机，大大降低了低温地区风电机组的利用率。此外，温度升高后，冰块脱落也会对风电场的工作人员造成极大安全隐患。

3. 雷击

雷击叶片时释放巨大能量，会导致叶片的局部机构温度急剧升高，使得气体因为高温而膨胀、局部压力骤然上升而造成叶片爆裂和破坏。同时，当雷电击中叶片并贯穿表面蒙皮时，电弧冲击热效应会造成局部叶片材料的高温降解，多孔材料内部气体受热膨胀也会导致材料分层而炸裂。

风电机组叶片遭受雷击时，不论接闪器是否成功接闪，雷电流的泄放均可能造成叶片损伤。接闪器未成功接闪时，雷电流的冲击热效应会造成叶片材料分解、烧损等严重损伤，同时电弧通道在密闭的叶腔内发展演化将引起热－磁－气流多场耦合冲击效应，造成叶片的结构性损伤甚至爆裂；即使接闪器成功接闪，由于叶片旋转，雷击电弧通道可能发生偏移，进而在叶片表面产生烧蚀损伤。风电机组叶片遭受雷击后可能有多种损伤形式，叶片易遭受雷击位置的分布也有一定的规律：

（1）叶片烧蚀断裂。这类损伤是由于雷击造成叶片蒙皮或者腹板烧蚀断裂，是最严重的损伤。

（2）叶片前/尾缘雷击开裂。这类损伤通常发生在靠近叶片叶尖的前缘和尾缘处，叶片黏结处由于雷击产生开裂，且存在烧蚀痕迹。

（3）叶片蒙皮穿孔。这类损伤是由于雷击叶片蒙皮表面击穿造成，击穿形成的穿孔附近存在纤维铺层的剥离断裂，且损伤的位置越靠近叶尖损伤的面积越大。

（4）叶片表面烧蚀损伤。这类损伤是由于雷击电弧沿叶片蒙皮表面烧蚀造成，对叶片本体不会造成破坏性损伤。

（二）变桨系统常见问题

1. 变桨电机故障

变桨电机能否稳定工作直接影响风电机组的正常运行。风电机组向变桨电机下发信号，变桨电机带动单个叶片做叶轮径向圆周运动，实时调节桨叶桨距角。变桨电机主要由定子绕组、电枢绕组、电枢主轴、测速发电机、直流制动器、温度传感器、PTC 热敏电阻、冷却风扇等零部件组成。

变桨电机常见故障可分为电气故障和机械故障。电气故障主要包括变桨电机过电流、变桨电机电流不对称、变桨电机温度过高、变桨电机电枢接地故障、换向器故障等，一般由信号或供电回路故障、传感器故障、碳刷接地短路等零部件故障引起。机械故障则一般由变桨电机转子、齿轮箱端盖键槽及键磨损引起，主要表现为键槽及键磨损后，变桨电机无法或不连续带动叶片变桨，造成电机空转间隙变大，变桨电机编码器角度偏差过大，进而导致桨角不一致、设定与实际桨角偏差过大、叶片收桨速度过慢等故障。

2. 变桨轴承故障

变桨轴承通过减速齿轮箱、变桨小齿轮与变桨电机连接，受后者驱动来改变叶片角度。由于变桨轴承动作频率较高，且承受着较大的变载荷，若机组功率控制方式不当或变桨轴承润滑不到位，会导致机械磨损加剧等问题。如变桨轴承损坏，不仅会产生较高的更换及安装成本，还会因更换周期较长，带来发电量的损失。

风电机组变桨轴承主要有以下几种故障形式：

（1）疲劳破坏。轴承次表面在交变切应力作用下产生裂纹，载荷作用下该裂纹向外扩展，最终导致接触表面剥落。

（2）塑性变形。轴向载荷、径向载荷及倾覆力矩在变桨轴承上分布不合理，进而产生塑性变形。

（3）滚道磨损。杂质、粉尘、未能过滤的磨料及桨叶的颤动，导致变桨轴承产生麻点及凹坑。

（4）保持架断裂。由于保持架材料及制造问题，载荷作用下变桨轴承产生内外圈相对变形，保持架在受到内外圈相对变形产生的拉力后快速失效。

（5）套圈断裂。变桨轴承存在设计、制造缺陷或过载时，载荷作用下导致轴承套圈断裂。

3. 限位开关故障

限位开关是风电机组变桨系统顺桨时最关键的硬件装置，同时也是最后一道保障。在风电机组正常停机时，变桨系统通过 PID 闭环控制，使叶片的角度停止到一定角度，然而，当变桨系统下发信号出现异常时，风电机组需要进行开环顺桨，即变桨系统驱动叶片持续向 90° 方向收桨，直至触发硬件限位开关后才停止顺桨。变桨系统通过限位开关所连接的硬件回路控制变桨驱动器的使能端，在限位开关被触发后，该硬件回路控制变桨驱动器不再运行，以起到安全保护作用。

限位开关的触发方式一般为触碰式，即通过触发组件碰触到限位开关的触发杆，限位开关闭合的触点分断或者断开的触点闭合；而在实际安装时，为了便于安装不同类型的限位开关，触发组件与限位开关的触发杆的距离一般为可调节状态，或触发组件、限位开关的安装位置都是可调节的。在这种情况下，风电机组在运行过程中，固定触发组件的螺栓发生松动会导致触发组件的位置发生偏移，进而导致触发组件与限位开关触发

17

杆之间的距离过大而不能正常触发限位开关，叶片到达极限位置后不能停止转动，影响风电机组的安全运行。

4. 变桨电池故障

风电机组正常运行期间，当风速超过机组额定风速时，为了控制功率，变桨角度会根据风速的变化进行自动调整，通过控制叶片的角度使风轮的转速保持恒定。在故障或紧急情况下，叶片会进行顺桨。叶片角度变化时由变桨蓄电池组对变桨系统进行供电，因此变桨系统必须配备可靠的蓄电池组，以确保机组在发生严重故障的情况下仍可安全停机。

变桨蓄电池组长期工作在恶劣工况，若发生失效或充电不足，则无法为变桨电机正常供电，将导致风电机组无法紧急收桨停机，极易发生超速飞车、叶片断裂、风电机组倒塌等重大事故。变桨蓄电池的故障现象主要有：

（1）过放电，浮充电压长期低于产品要求的范围，电池长年亏电，搁置未投入运行，长期未进行充电。

（2）过充电，电池外壳各单格均鼓胀，发生明显变形（电池使用时的轻微鼓胀、变形属正常现象）。

（3）电池渗漏电解液，电池的极柱阀帽渗漏，电池壳与盖封合处渗漏，大电流长期充电造成外壳变形、渗漏。

（4）一组电池中电压参差不齐，部分电池电压正常，部分电池电压低，或部分电池经均衡充电，电压仍达不到额定电压且这些电池发热严重。

（5）储存、选型、安装方式、运行环境以及试验、监控、维护不到位。

（三）轮毂常见问题

叶片与轮毂之间通过螺栓进行连接，由于作用在叶片上的力首先通过叶片螺栓传给变桨轴承等部件，因此螺栓会承担较大且复杂的应力，进而引发失效断裂等故障。

随着机组容量的不断增加，叶轮直径越来越大，尤其是陆上低风速型机组及海上风电机组叶片长度不断增加，叶片螺栓断裂更加频繁，变桨轴承开裂和叶片断裂事件时有发生。由于地表面形成的风不均匀，整个叶轮平面上，随着叶轮直径的增加，横向、纵向切变也不断增大，叶片的刚度越来越小，柔性增大，机组在自然条件下运行时，作用在叶轮上的空气动力、惯性力和弹性力等交变载荷还会使叶片产生变形或振动，叶片螺栓的受力将变得更加复杂。

二、技术监督内容

针对风电机组风轮系统在运行中遇到的常见问题，应对叶片、变桨系统、轮毂等部件进行详细技术监督。

（一）叶片

叶片技术监督内容主要包括设计安装阶段和运行维护阶段两部分，详细技术要求内容见表2-1。

表2-1　　　　　　　　　　　　叶片技术监督内容

监督阶段	监督检查内容
设计安装阶段	叶片的设计、制造、型式试验及出厂检验应符合GB/T 25383—2010《风力发电机组　风轮叶片》的要求
	叶片安装前应提供静力试验、疲劳试验、自然频率和阻尼测定、模型分析等型式试验报告，还应提供强度（硬度）检验、超声检验、红外成像分析、声学分析、叶片表面质量控制等检验报告
	叶片安装前应检查叶片长度、质量、自重力和重力中心的测定记录，记录应完整。叶片吊点、重心标记清晰
	叶片安装前及更换后应检查叶片安装角在规定值内，风电机组叶片安装角应一致
	叶片更换应符合动平衡要求，相差不超过规定值，可按GB/T 9239.1—2006《机械振动　恒态（刚性）转子平衡品质要求　第1部分：规范与平衡允差的检验》和GB/T 9239.14—2017《机械振动　转子平衡　第14部分：平衡误差的评估规程》执行
运行维护阶段	**外观检查**　检查叶片表面有无污渍、腐蚀、气泡、结晶和雷击放电等痕迹
	检查叶片表面有无裂纹、损坏、砂眼和脱落，并对所有裂纹、损坏等情况进行标记
	检查叶片尖部、中部接闪器是否完好，有无变形、变黑现象，周围叶片本体有无发黑、破裂、变形和脱粘现象。检查接闪器连接电缆有无松动、脱落现象
	检查叶片内部有无积水、排水孔有无堵塞、内部有无变形和异物
	叶片目视检查发现内部缺陷时，宜采用超声波探伤或红外线成像等检验手段对叶片进行检测
	运行满3年后宜定期对叶片污渍进行清洗，对叶片裂纹、叶尖磨损、前缘磨损进行检查并修复
	电气检查　检查雷电记录卡动作情况，如有动作，应记录峰值电流
	检测叶片接闪器到叶片根部法兰之间的直流电阻，电阻值不应大于0.05Ω
	机械检查　根据力矩表抽样紧固叶片螺栓，紧固力需符合设计要求。螺栓应无松动、锈蚀

（二）变桨系统

变桨系统主要分为液压变桨系统和电动变桨系统两种类型，液压变桨系统技术监督内容主要包括油脂检查、液压检查、机械检查、功能测试四部分，电动变桨系统技术监督内容主要包括油脂检查、电气检查、机械检查、功能测试四部分，详细技术要求内容见表2-2。

表2-2 变桨系统技术监督内容

变桨系统类型	监督检查内容	
液压变桨系统	油脂检查	定期对叶片变桨轴承加注润滑脂，并对废润滑脂进行回收，自动加脂的应检查加脂是否正常
	液压检查	检查系统保护定值是否正确，保护动作正确率为100%
		检查变桨系统和各油道管路是否清洁、有无渗漏
		对阀体动作执行情况进行试验，动作执行正确率为100%
		对液压系统各压力测点进行检查，压力正常
		对蓄能器压力进行检查，压力正常
		每年进行蓄能器本体检验。检验方法宜采用宏观检查、壁厚测定、表面无损检测，也可采用超声检查、射线检测、硬度测定、耐压试验、气密性试验等
	机械检查	检查变桨轴承表面是否清洁，防腐涂层有无脱落，润滑是否正常，密封有无异常；变桨齿圈和齿轮有无点蚀、腐蚀、断齿等
		检查所有限位开关触点是否有磨损、灼烧及其他损伤痕迹，手动扳动限位拉杆操作是否正常
	功能测试	对变桨系统进行电气测试，包括正、负变桨测试，正、负偏移校准，正、负流量测试，正弦测试
		在急停模式下，手动95°限位，检查限位功能是否正常
电动变桨系统	油脂检查	定期进行变桨减速器油检验，检验应按 GB 5903—2011《工业闭式齿轮油》执行
		检查变桨减速箱油位是否正常，有无异音
	电气检查	检查系统保护定值是否正确，保护动作正确率为100%
		检查电动变桨系统内各部件表面是否清洁、密封完好，连接线连接是否牢固等
		检查蓄电池本体清洁，有无放电、漏液现象，引出端子及各部连接是否松动，通气孔有无堵塞
		检查蓄电池电加热装置投退是否正常，能否依据设定温度自动投入、退出
		定期对蓄电池进行测试，包括容量、容量一致性、充电接受能力、荷电保持能力、循环耐久能力，检验应按 GB/T 22473.1—2021《储能用蓄电池 第1部分：光伏离网应用技术条件》执行
		定期测量蓄电池单体电压应符合端电压平衡性能相关要求，检验项目按照 GB/T 19638.1—2014《固定型阀控式铅酸蓄电池 第1部分：技术条件》执行，如超过规定应成组全部进行更换
		电动变桨系统蓄电池运行满3年宜全部更换
		对变桨电动机进行绝缘电阻测试，测试结果应满足设备技术要求
		检查变桨滑环的导电性和电阻，应符合设备技术要求
	机械检查	检查变桨减速机齿轮与变桨齿圈的啮合间隙，应符合设备技术要求
		检查所有限位开关触点有无磨损、灼烧及其他损伤痕迹，手动扳动限位拉杆操作是否正常
		检查变桨轴承表面是否清洁，防腐涂层有无脱落，润滑是否正常，密封有无异常；变桨齿圈和齿轮有无点蚀、腐蚀、断齿等
		齿形带驱动的风电机组，对齿形带的张紧度进行检测，张紧度应符合设备技术要求

续表

变桨系统类型		监督检查内容
电动变桨系统	功能测试	对变桨系统进行电气测试，包括正、负变桨测试，正、负偏移校准，正、负流量测试，正弦测试
		在急停模式下，手动95°限位，检查限位功能是否正常
		对变桨系统进行电气测试，包括同步试验、单只叶片独立变桨、0位和顺桨校准等
		对超级电容进行测试，测试结果应满足在风电机组断电情况下至少完成两次正确变桨动作

（三）轮毂

轮毂技术监督内容主要包括设计安装阶段和运行维护阶段两部分，详细技术要求内容见表2-3。

表2-3　　　　　　　　　　轮毂技术监督内容

监督阶段		监督检查内容
设计安装阶段		轮毂安装前厂家应提供出厂检验合格证、验收记录单、材料光谱分析报告、无损探伤报告、有限元分析报告、力学性能报告和尺寸检查报告等资料
		螺栓安装前应具备出厂检验合格证、验收记录单、检测报告等
运行维护阶段	外观检查	检查轮毂和导流罩，表面是否清洁，有无裂纹，防腐漆有无脱落，密封状况是否完好
		导流罩各部连接是否良好，导流罩有无偏斜
	机械检查	机组投运一般第1、3个月时应检查叶片与轮毂连接螺栓预紧力是否合格
		投运3个月时应对各部连接螺栓进行紧固
		定期进行螺栓力矩抽检，抽检率为10%，合格率应为100%，若发现问题应进行全检
		力矩不合格率达30%以上时，宜对轮毂与叶片、轮毂与主轴连接螺栓进行无损探伤检测，并应对不合格螺栓进行全部更换
		运行满4年后定期可对轮毂与叶片、轮毂与主轴连接螺栓进行疲劳检测试验，每台风电机组同一部位抽检率不应低于2%，合格率为100%，发现问题应对每台机组同一部位的螺栓进行全部更换

三、设备维护

（一）叶片维护

1. 雷电保护系统检查及维护

叶片电阻测试需使用辅助导线形成闭环回路进行测试，如图 2-4 所示，操作方法如下：

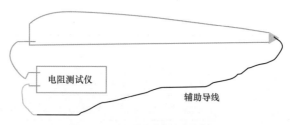

图 2-4　叶片电阻测试示意图

　　将待测电阻的叶片调整到垂直向下的位置，操作人员穿戴好个人防护用品，登塔将叶片调整到合适位置，断开刹车控制电源，锁死机械锁。组装吊篮，检查钢丝绳、安全绳、吊篮连接件、电机、各开关功能是否正常，组装完毕后，操作人员站在地面上，对吊篮进行空载状态上下测试运行。高处操作人员需穿戴好个人防护用品，确保防坠器不下滑。吊篮升空后必须有足够数量缆风绳进行牵引，防止吊篮晃动触碰叶片、塔架、吊臂。

　　检测人员升到叶片叶尖处待测电阻位置时，清理设备表面，确保测量点表面清洁，同时轮毂内人员将测试线连接到叶片叶根避雷线和辅助导线上，叶尖位置操作人员将辅助导线的另一端与叶尖连接形成回路，叶根位置人员记录电阻数据，如图 2-5 所示。

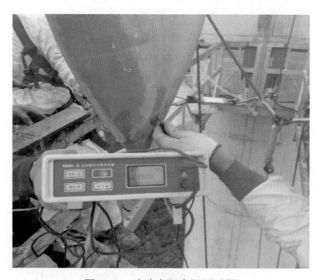

图 2-5　叶片电阻实际测试图

　　用连接回路形成的电阻值减去辅助导线电阻即为叶片的实际电阻，叶片电阻标准值一般要求不超过 50mΩ（参考值），具体以叶片厂家要求的数据为准。

　　2. 叶片表面修复

　　当发现叶片表面出现擦伤、划槽、刻痕、刮痕、胶衣起皮等轻微损伤时，在生产商要求的环境温度以上进行修复。步骤如下：

　　（1）打磨。打磨损伤区域，确保玻璃纤维层上气泡、外来物质、裂缝和干纤维等缺陷完全消失。打磨缺陷时，将底部打磨成长方形，以便玻纤层铺设。若待修区域靠近切割边缘，应错层打磨到切割边为止。

（2）铺层。纤维布铺设采用修补层数比受损层数多一层的方法，叶片平面加强应采用由大到小铺设纤维布，凹坑采用由小到大铺设纤维布，纤维布类型和方向应与原有铺层保持一致，最后在整个维修区域覆盖一层与最大号纤维布同等尺寸的纤维布作为打磨层。前后缘以及腹板黏结时黏结胶的厚度符合产品的设计要求。更换芯材时，芯材与原材料一致。纤维布各层黏结成整体，树脂含量一般为 25%～50%，具体应符合厂商要求，纤维布充分浸润无干纤维，铺层无褶皱。每层纤维布保证压实，修补后表面上气泡大小和数量应符合厂商要求。材料配比应按材料厂商要求执行。

（3）固化。环氧体系复合层的固化时间应符合厂商标准。加热过程中应防止维修表面温度过高而发生爆聚，需要实时调整加热源位置和角度，确保距离热源最近区域维修表面区域温度不高于 100℃。固化后测量树脂硬度，巴氏硬度值应满足厂商要求。

（4）精加工。叶片损伤表面固化后，打磨处理时防止损坏除打磨层以外的其他玻纤层。用腻子对整个维修区域进行修形处理，腻子与非维修区域应平滑过渡。腻子固化后，打磨腻子棱边及多余部分，打磨确保维修后表面粗糙度满足要求。表面刷漆，漆及固化剂的配比依据材料配比要求应混合均匀。叶片表面涂刷次数不少于 2 次，间隔时间应根据现场天气情况确定，油漆厚度满足厂商要求。

当发现叶片表面出现大面积损伤或结构性损伤如裂纹、洞、化学腐蚀等现象，应委托具有相关资质的单位评估处理。叶片根部裂纹严重时应停机处理。

3. 叶片根部螺栓维护

叶片如发现螺栓锈蚀，力矩维护后需做螺栓防腐处理，螺栓防腐处理步骤如下：

（1）查看紧固件外露部分锈蚀程度，先处理锈蚀严重紧固件，依次处理相邻紧固件，在打磨过程中，可能会产生多余热量或者火花，不应进行喷涂冷镀锌操作。

（2）处理前检查力矩标识，无松动等问题后方可开始操作。首先清理锈蚀紧固件外露部分表面油污、灰尘，通过布轮打磨处理大面积的锈蚀，同时处理螺母垫圈结合处和一些不易清理到的部位，应特别注意清理掉坑内的锈迹。使用角磨机、直向磨光机等工具装上钢刷或者用布轮进行进一步除锈抛光处理，露出金属光泽，电动工具不能处理的区域采用砂布进行打磨除锈处理。由于塔筒内工作环境照明受限，应用照明工具仔细检查紧固件表面除锈是否满足要求。清理紧固件外露部分周围锈屑粉末和油污等杂物，用清洗剂将锈蚀紧固件外露部分去污擦净。

（3）打磨和清理完毕，喷涂冷镀锌，漆膜厚度应达到 80μm 的要求。用干漆膜测厚仪检测涂层的干膜厚度，检查方法按照 GB 50205—2020《钢结构工程施工质量验收标准》中的要求。喷涂完成后还应在螺栓上进行维护防松标识。

（二）变桨系统维护

1. 变桨减速系统维护

变桨减速系统是风电机组中用来传递变桨电机的动力，将叶片方向调整到适合实际风速的运行状态，同时在风机出现顺桨而导致停机时用来制动风机。

（1）变桨减速系统表面防腐维护。变桨减速系统表面防腐层发生脱落，应打磨破损部位露出金属底色，同时打毛破损部位与周围涂层的搭接部位漆膜，修补的面积宜比被破坏的面积大 1 倍以上，保证搭腔接处的平整和附着牢固。用溶剂清洗彻底清除涂装表面上的油、泥、灰尘等污物，按油漆使用说明书进行刷涂油漆，漆膜厚度按厂商要求执行。

（2）变桨减速系统螺栓的力矩维护。风机在运行时，变桨减速系统连接部件的螺栓长期运行在振动当中，在定期维护中，根据螺栓大小和等级，按螺栓拧紧力矩表对变桨减速系统螺栓进行100%紧固。

（3）变桨减速系统润滑油维护。变桨减速系统如未发生密封损坏发生泄漏，需要按照厂商要求更换周期定期更换润滑油，也可根据油品采样分析结果决定。如有沉淀物、有水或乳状物、黏度与原来相差值超过 20%，应换油或过滤油质。

更换润滑油，必须在停机的状态下进行。换油排油应在变桨减速系统热机状态下进行，在环境温度过低时，应加入适量预热过的新油进行冲洗，以便使停留在输出端及遗留的废油排出，推荐换油时间安排在无风或风小的夏季。换油应先打开加油口、卸油口将减速系统中的润滑油排出，可利用适当的清洗剂清洗减速系统内部，注入适量新油进行冲洗。对于装有磁性放油元件的，检查吸附的金属杂质情况，进行清理。清洗干净后安装放油螺塞及密封垫圈，加注新油，换油完毕应观察有无泄漏情况。

2. 变桨轴承维护

变桨轴承分为内外圈，如图 2-6 所示。

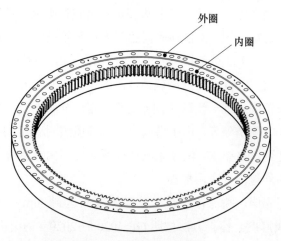

图 2-6　变桨轴承示意图

变桨轴承运转过程中应定期紧固螺栓，保证足够的预紧力，在一定运行时间后，需更换螺栓。内齿圈齿面应定期清除杂物，并涂以润滑脂来保证齿面有足够的润滑。在湿度大、灰尘多、温度变化大的地方及连续运转的情况下，应减短润滑维护周期，同时长期停止运转也必须加足新润滑油。注油时转动轴承使油脂均匀分配到滚道内，注油时也应确保在密封处不会产生持久的过压，排油孔应开放，收集过剩的油脂。

第三节　典型案例分析

一、风电机组叶片表面受损案例分析

（一）风电场叶片表面受损情况

某风电场对投入运行 5 年以上的风电机组叶片开展定期检查，按照风电场通过观察认为不会出现问题的风电机组、风电场通过观察认为出现问题的风电机组、叶片有过维修历史的风电机组 3 种类型，对 58 台风电机组进行抽取，每类各抽取 1 台风电机组。

如图 2-7 所示，受检测叶片全部存在损坏问题。胶衣老化破损率最高，占比 29%。横向裂纹和纵向裂纹占比合计 49%，且裂纹长度一般在 1m 以上，存在重大的隐患，可引起叶片异响、哨声等现象。风电场通过观察认为不会出现问题的叶片在检查中也发现了问题；通过观察认为可能会存在问题的叶片，在检查中发现问题的数量及严重程度高于预期；修复过的叶片在其他位置仍出现了横向裂纹、纵向裂纹、腐蚀等问题。综上所述，5 年以上的风电机组叶片，无论此前运行情况如何，都存在破损的可能，带来安全隐患。

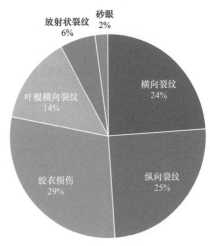

图 2-7　定期检查叶片发现问题比例

（二）叶片表面受损程度分析

接受检测的 3 台风电机组的 9 个叶片不但全部存在问题，而且其中 89% 受损严重，应尽快修复；另外的 11% 受损较轻，可在半年内修复。横向裂纹、纵向裂纹、砂眼腐蚀至玻璃钢基材等问题较为严重，且叶片损坏恶化的速度非常快，通过早期维护可避免产生更昂贵的修复费用以及损坏维修的停机损失。

由此可见，风电机组经过 5 年以上运行后，当叶片存在严重的胶衣破损、横向裂纹、纵向裂纹、砂眼腐蚀至玻璃钢基材都属受损严重情况，应尽快修复。

（三）监督建议

对于投运时间超过 5 年的风电机组叶片，应该加大巡视检查力度，叶片的周期性、预防性维护对保证风电机组正常运行起关键作用，花较少的时间和费用及时维护，或对发现的初期问题苗头进行维修，可以减少停机造成的经济损失，避免日后产生高额的维修费用。针对叶片的表面损伤，建议每次定期检查时仔细观察叶片表面有无污渍、腐蚀、气泡、结晶和雷击放电等痕迹，检查叶片表面有无裂纹、损坏、砂眼和脱落，并对所有裂纹、损坏等情况进行标记，做好记录。若叶片目视检查发现内部缺陷，宜采用超声波探伤或红外线成像等检验手段对叶片进行检测，尽早发现问题，并采取相应处理手段消缺。此外，运行满 3 年后，每 2 年宜对叶片污渍进行清洗，并对叶片裂纹、叶尖磨损、前缘磨损进行检查并修复，以防引起更严重的事故。

二、风电机组叶片断裂案例分析

（一）事故概况

风电机组运行环境条件恶劣、受载复杂，叶片断裂事故常有发生。华北地区某风电场出现风电机组 1 个叶片断裂事故，如图 2-8 所示。据现场勘察发现，叶片在距叶根 15.86m 处，PS（pressure surface）面主梁帽外壳体处发生断裂，断裂照片如图 2-9 所示；同时，在断裂处向叶尖方向 PS 腹板存在黏结胶面宽度不足情况，如图 2-10 所示；在距叶根 8.98m 处，SS（suction surface）面主梁帽内壳体处有褶皱缺陷，如图 2-11 所示。

图 2-8 叶片断裂整体情况

东北地区某风电场多台风电机组叶片检查发现叶根处外蒙皮裂纹，存在开裂现象，如图 2-12 所示，通过涂层打磨外观、切割解剖检查，发现多组叶片上出现弦向褶皱及腻子填补现象；对垂直于裂纹弦向进行切割时，发现芯材至外壳体有多层纤维布弦向褶皱及富树脂缺陷（见图 2-13），并在叶片内部发现后缘叶型小腹板端部开裂（见图 2-14）。

(a)

(b)

图 2-9 叶片断裂截面

（a）叶尖段；（b）叶根段

图 2-10 PS 面断裂处附近腹板黏结胶宽度不足情况

图 2-11 叶片 SS 面主梁帽内壳体褶皱   图 2-12 外蒙皮裂纹

图 2-13　弦向褶皱、富树脂缺陷局部图

图 2-14　后缘叶型小腹板端部开裂

（二）叶片断裂原因分析

针对华北地区风电场的情况，通过对叶片断裂区域打磨、解剖分析，在叶片断裂距叶根 15.86m，PS 主梁帽外壳体断口截面处发现横向长 380mm（与主梁帽等宽）的富树脂缺陷，如图 2-15 所示，富树脂截面宽 15.12mm，高 3.12mm，如图 2-16 所示；同时在缺陷断口处，表面断裂纤维布壳体下有黑色灰尘沉积现象，断口整齐，叶尖段 PS 面、断口主梁帽区域解剖后，出现分层现象，如图 2-9 所示。观察叶片 PS 面断裂附近，前后缘双腹板黏结面已开裂，从留存腹板黏结面黏结胶情况来看，发现腹板黏结胶量、黏结面宽度不足，如图 2-10 所示。

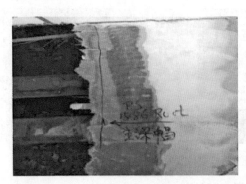

图 2-15　打磨及切割后剖面图

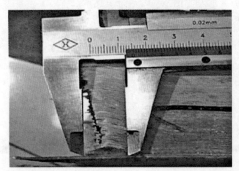

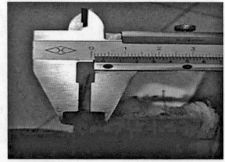

图 2-16　富树脂截面尺寸图

根据分析推断出叶片断裂失效首先从距叶根 15.86m 处叶片 PS 面开始，主梁帽外壳体沿富树脂处出现横向裂纹，外壳体层的断裂会引起局部应力集中，随着叶轮的旋转，叶片 PS 面在循环弯矩、扭矩、离心力等复合载荷作用下，叶片断口纤维布断裂层数逐步增加，断裂区域逐渐扩大，直至叶片最终断裂。

针对东北地区风电场的情况，所检查叶片弦向褶皱、裂纹集中出现于距叶根 1.9～2.1m 位置，PS 面后缘区域，产生裂纹缺陷的主要原因为较大高宽比、较多层数纤维布弦向褶皱引起局部玻璃纤维方向偏离较大、应力集中，造成该区域玻璃纤维强度会有较大程度降低。随着叶轮旋转，叶片 PS 面在循环弯矩、扭矩、离心力等复合载荷作用下，叶根弦向褶皱处抗极限、疲劳强度显著下降，最终导致外部纤维布层开裂。叶片弦向褶皱出现主要由于叶片制造工艺复杂，铺层过程参与工作人员较多，叶根铺层数量大，芯材和主梁帽作为铺设的起始点，对芯材高度差以及芯材防滑移固定都有严格的要求，同时芯材和主梁帽又是叶片圆柱段到翼型的过渡区，本身铺设难度比较大，叶片批量生产制造过程中，工人玻璃纤维布铺设、操作手法不熟练，可能导致铺层、固化后褶皱出现。如果工厂质量检查、监督不力，导致叶片生产制造环节的褶皱缺陷未能及时发现、解决，会给设备今后生产运行带来安全隐患。

（三）监督建议

在风电场可行性研究阶段以及建设规划期，需深入搜集当地气象、地质等资料，做好机组选型、风电场机组排布及叶片与机组的匹配性工作，防止机组在正常运行条件下，叶片因无法承受超设计载荷（极限载荷、疲劳载荷等）的作用而发生断裂破坏现象。叶片安装前应按照技术监督内容要求，让供应商提供静力试验、疲劳试验、自然频率和阻尼测定、模型分析等型式试验报告，还应提供强度（硬度）检验、超声检验、红外成像分析、声学分析、叶片表面质量控制等检验报告。

在风电场投入运行后，还应加强风电场运行机组叶片的巡视、检测，对砂眼、叶片表面胶衣脱落、叶片开裂等早期缺陷及时维修，及早发现问题并解决，防患于未然。

此外，叶片现场巡检多是通过高倍望远镜以及高空吊篮对叶片表面拍照、目视以及敲击异音等手段检查叶片表面，查找叶片外观缺陷，而叶片内部特别是叶尖段，因排查人员无法进入，不能及时检查发现内部、叶尖段缺陷。对此，可用无人机巡检或者利用机器人携带高清摄像头对风电机组叶片内部进行拍照录像，主要检查内容包括芯材区域与表层玻璃钢是否有剥离、叶片避雷导线是否有缺失或折断、内部黏结胶部位是否开裂、叶片腹板是否有扭曲、内部是否有分层缺陷、叶片内部是否有异物等。

三、强台风导致风电机组叶片折断案例分析

（一）事故概况

某风电场位于广东省粤东地区，其位置处在某次强台风的正面登陆区，在台风袭击

过程中多台风电机组倒塔、着火、叶片损坏，造成了巨大的经济损失。

该风电场共 25 台变桨恒频异步风电机组，均为同厂家同型号，承受风载荷的叶片是台风中最直接的受力构件。机组叶片采用的是预浸树脂叶片，属于轻型叶片。预浸树脂叶片和聚酯叶片是风电机组叶片常用的两种材料。预浸树脂叶片的特点是轻、薄、柔性好，但强度较弱；聚酯叶片相比预浸树脂叶片，要更加厚重，强度较高。

（二）叶片折断分析

根据统计，台风袭击后风电场设备重大损坏数量及占比如下：机组倒塔 8 台，占全场机组的 32%；机组（机舱）烧毁 3 台，占全场机组的 12%；叶片折断 11 根（倒塔机组叶片未计），占全场未倒塔机组叶片的 21.6%。

机组叶片采用的是轻质预浸树脂叶片，柔性出色，但抗台风能力较差。该类型叶片在台风中已有多次破坏事例，本次台风袭击造成了多台机组出现叶片撕裂、折断等情况，折断的位置大体相似，均在距叶根部 5m 左右处。从实际情况看，此类轻型叶片不适合在易受台风影响的地区使用。

（三）监督建议

海上风电场有必要采用适当的手段和方法进行台风预防，减少损失。在沿海风电机组设计选型方面，不仅要关注塔筒的抗台风能力，也要考虑叶片的强度，风电机组厂家应向投资方按设计标准提供关键的载荷数据，选用合适尺寸及材料的叶片。投入运行后，沿海风电场应及时关注台风的动向和规律，随时掌握其特征，及时采取措施，在台风来临之前人为干预，主动避险。在技术监督中，若发现明显不符合实际需求的设备选型，应及时向风电场提出整改建议和措施，如更换叶片型号、制定防台风应急预案等。

四、风电机组叶片覆冰原因及影响因素分析

（一）叶片覆冰机理及类型

在覆冰区域风电场内，风电机组叶片出现覆冰一般具备如下气象条件：环境温度低于 0℃、叶片表面低于 -5℃、空气湿度在 85% 以上。虽然上述条件较为苛刻，但由于风电场多处于大气冷热气流交汇地区，受微地形、微气象的影响严重，所以风电场机组叶片覆冰现象较为普遍。空气中存在过冷水滴是引起叶片覆冰的直接原因。下面重点分析过冷水滴在风电机组叶片表面结冰的原因。

过冷水滴主要指在环境处于 0℃ 以下时依然以液态存在的水滴。水的冰点会随着环境气压增大而降低，因此在低于 0℃ 的情况下也会存在液态水。大气层中的过冷水滴稳定性很差，如果环境出现变化，过冷水滴会快速凝结为冰。若风电机组运行环境中存在过冷水滴，水滴会直接撞击在叶片前缘迎风面的位置上，其内部平衡被破坏，使得过冷水滴的结冰温度变高，更易在风电机组叶片表面结冰。

叶片表面结冰主要有雨凇、雾凇和混合凇三种类型。雨凇一般在环境温度为 0~5℃、

空气湿度较大的条件下出现,冰层密度较大,附着力强;雾凇一般在环境温度低于−5℃、空气内水含量很少时出现,其质地疏松、密度小、黏附力不足;混合凇通常在环境温度为−10～−3℃之间时出现,其密度中等,一般是出现在叶片迎水面,附着力较大。在实际运行中,叶片表面出现雾凇、混合凇等形式覆冰的概率较大。此外,叶片长期运行过程中,表面会存在较多污渍、前缘腐蚀、粗糙度过大等问题,也会导致叶片出现覆冰。

（二）叶片覆冰影响因素分析

风电机组叶片覆冰与风电场的自然环境、地形条件有直接关系,而覆冰类型则与环境温度、风速、空气中的过冷水滴直径、空气内液态水含量等存在直接联系。

环境温度对叶片覆冰的影响最直接、明显。覆冰一般发生在环境温度−8～−1℃时,若环境温度太低,过冷水滴可能会凝结为雪花,不会在叶片表面附着。因此,冬季环境温度较低的情况下北方地区覆冰发生率较低,而南方的云南、贵州、湖南等地区湿度高的情况下发生覆冰的问题比较严重。

空气湿度对于叶片覆冰的形成有绝对性影响。通常空气相对湿度超过85%时极易产生叶片覆冰,还易导致雨凇的出现。覆冰发生率较高的南方地区,冬季与初春时节的阴雨天气导致空气湿度非常高,很多情况下甚至会达到90%以上,所以叶片覆冰发生率较高,且主要是以雨凇的形式存在。

由于风可以直接进行过冷水滴的输送,所以风速也会对叶片覆冰产生直接影响。风速较小时可以有效地促进雾凇形成,风速较大时则会产生粒状雾凇。一般风速越大叶片覆冰形成的速度也会越快。

过冷却水滴直径大小对叶片覆冰的类型有较大影响。直径较大的水滴,与叶片接触会产生结冰反应,潜热释放速度很慢,而相反情况下,潜热释放速度过快结冰也会更快,因此覆冰形成的特征相差很大。雨凇覆冰过程中,过冷水滴直径较大,为10～40μm,多为毛毛雨天气。雾凇覆冰时,过冷水滴直径为1～20μm。而形成混合凇的过冷水滴直径为5～35μm,多为浓雾天气。

凝结高度对叶片覆冰也会产生影响。凝结高度主要是以地面为基准的空气水滴经过碰撞后所产生冻结的高度,其数值大小对于高海拔地带内的风电机组叶片覆冰存在直接影响。当风电机组的叶轮扫风区域高度超过凝结高度时,风电机组多为严重覆冰工况。

（三）监督建议

风电机组叶片覆冰出现后立即采取必要措施除掉覆冰,能有效减少经济损失。因此,建议容易出现叶片覆冰情况的风电场,在风电机组叶片加装覆冰检测及除冰装置。

在风电机组叶片覆冰检测方面,通过在叶片上安装振动传感器,对叶片振动数据进行分析评估,判断覆冰状况,该技术已有批量应用案例,是一种可靠有效的检测手段。使用高灵敏度的传感器系统和特殊算法,可实现冰层厚度毫米范围内的测量分辨率;通过分析覆冰期风电场运行数据,使用基于功率曲线对比的覆冰检测,在覆冰超过一定厚度或机组效率严重下降时进行告警停机。

在风电机组叶片除冰方面，在叶片内部安装热风加热系统除冰已有成熟的运行经验，是简单可靠、效率较高的除冰技术方案，但叶片加热除冰的过程需要耗费大量自用电。提高热风加热系统的除冰效率、降低除冰能耗有 3 种方式：① 机组叶片覆冰停机后进行加热除冰，不采用维持叶片本体高温的方式进行防冰；② 使用高精度覆冰检测系统，由此控制除冰加热系统精准启停；③ 在叶片前缘使用超疏水涂层，预防融冰重复凝结。

五、风电机组变桨电机温度高故障案例分析

（一）变桨电机故障基本情况

某风电场 1.5MW 风电机组在运行过程中发生多次变桨电机温度高故障，影响风电机组正常运转。变桨电机为三相笼型转子异步电动机，变桨速率由变桨电机转速调节。

变桨系统中采用一套 PT100 温度传感器用于测量变桨电机温度，通过 4 通道模拟量输入模块（KL3204）采集温度信号，提供给控制系统。PT100 为铂热电阻，是一种以金属铂（Pt）制作成的电阻式温度检测器，其在 0℃时的电阻值为 100Ω，随温度的升高增大，因此称为 PT100。其工作原理为：PT100 温度传感器将温度信号输出到 KL3204 模块的接线端子上，此温度信号接入机组主控制系统，当检测到变桨电机温度超过 150℃、持续 3s 时，报出"变桨电机温度高"故障，执行正常停机，允许自动复位，当温度低于 100℃时故障自动复位。

（二）故障案例分析

故障案例一：风电场某机组报"1 号变桨电机温度高"故障。调阅中控 SCADA 故障文件，1 号变桨电机温度为 157.0℃。手动复位后机组正常，启机运行不久又报此故障，怀疑为线路接触不良导线虚接所致。将机组置于就地维护状态，登上机舱进行故障排查。进入轮毂内首先查看 1 号桨叶变桨减速器油位，确认油位高于油窗 1/2，打开变桨控制柜查看 KL3204 模块指示灯，发现 2 号端口指示灯不亮，用万用表测量 PT100 回路阻值为∞，怀疑为 PT100 断路或端子排接线松动。拆开电机发现 PT100 顶端接线处断线。更换新的 PT100，测量其阻值为 108Ω（环境温度 20℃左右），正常。就地监控系统显示电机温度为 21.5℃，启机后机组运行正常，故障解除。其后也未再报此故障。可见此次"变桨电机温度高"故障的原因为温度传感器 PT100 因质量问题损坏。

故障案例二：风电场某机组报"2 号变桨电机温度高"故障。调阅中控 SCADA 故障文件，2 号变桨电机温度为 155.0℃。手动无法复位故障。将机组置于就地维护状态，登上机舱进行故障排查。进入轮毂内首先查看 2 号桨叶变桨减速器油位，确认油位高于油窗 1/2，打开变桨控制柜查看 KL3204 模块指示灯，发现指示灯故障灯亮。使用电子测温仪检测电机各处温度，发现电机最高温度为 145℃，并呈缓慢下降趋势。使用故障

检测电脑连入风电机组中控系统，进行故障复位，故障可以复位。将变桨控制柜变桨模式切换按钮切换至就地模式，进行手动变桨测试。变桨过程中发现电机冷却风扇不运转。检查发现风扇内有异物，风扇叶片已损坏。更换电机风扇，更换后再次进行手动变桨测试，监控系统显示电机温度为50℃左右。启机后机组运行正常，故障解除，其后也未再报此故障。可见此次"变桨电机温度高"故障的原因为变桨电机风扇损坏。

综合分析历史故障，变桨电机温度高故障常见原因有：温度传感器损坏，造成温度上升与实际不符，导致报出"变桨电机温度高"故障；变桨电机冷却风扇被异物卡住或损坏，不能正常转动，导致电机运行产生的热量不能有效发散而过热；没有定期检查变桨减速器的油位或有漏油现象，导致变桨减速器缺油，运行不畅，从而使变桨电机因过负荷而温度升高；变桨电机在满发临界处频繁变桨，造成电机过热。

（三）监督建议

在日常机组维护过程中，应整理和收集机组正常运转过程中变桨电机的电流、电压数据参数。发生变桨电机故障时也应记录其数据，并与电机正常运转过程中的电压、电流作比较，每月汇总1次。若有异常应立即综合分析并查找原因，发现问题立即处理，以免因电压或电流跳变发生过温故障，损坏电机。

在机组没有故障的情况下，建议每周巡检1次，通过就地监控专项检查变桨电机风扇和温度传感器是否异常。机组半年检时应对变桨电机风扇和温度传感器进行检查，对电机减速器及其连接部件检查，发现异常立即处理。另外，尤其在夏季来临前，要对定转子风道进行清扫，改善电机的散热条件。每次检修时都要清扫轮毂内的杂质和粉尘，检查变桨电机风扇的运转情况，防止被异物卡住造成风扇不转、电机过温。

六、风电机组变桨轴承损坏故障案例分析

（一）故障概况

内蒙古某风电场1.5MW双馈直流变桨风电机组，在正常情况下，变桨电机工作温度不会超过100℃，若超过就会因温度过高报警，超过140℃则会停机。某台机组常因1个叶片的变桨电机温度超过140℃报"变桨电机温度高"停机，且报故障时的风速普遍集中在8～12m/s。在轮毂内操纵转动叶片，从92°～0°调桨，叶片运动较为平稳；从0°～92°，叶片采用快速电池收桨，振动明显。

为进一步收集故障现象，在机组于故障风速段并网运行的条件下，通过机舱人机界面观察到变桨电机的温度快速升高后，立即进入轮毂观察变桨电机风扇的启动情况。观察结果表明，当故障面的变桨电机温度快速升至90℃（变桨电机风扇启动温度）以上时，变桨电机风扇并没有启动。因此，初步判断控制变桨电机风扇的启动开关存在问题。

该风扇启动开关设在变桨电机内，如发生损坏，则需更换变桨电机。为确认变桨电机风扇启动开关的有效性，维护人员对变桨电机进行了更换。然而，更换变桨电机后，

当机组在 8～12m/s 风速段运行时，该变桨电机温度迅速超过 140℃。再追溯以前的维修记录发现，该叶片曾因相同故障两次更换变桨电机。也就是说，三次更换变桨电机都未能彻底消除故障，说明故障原因不在变桨电机本体。

在给故障面的变桨轴承手动注油后，当机组在故障风速段并网运行时，虽然故障面变桨电机温度（时常在 110～130℃）仍比其他两面的温度高，但能稳定在 140℃ 以下，暂时不会报"变桨电机温度高"停机。

（二）变桨轴承损坏原因分析

根据"故障面叶片快速电池顺桨时，有异常振动；三次更换变桨电机无效；给故障面的变桨轴承手动注油后，变桨电机温度高的问题有明显改善"等情况可以确定，"变桨电机温度高"停机，应与变桨轴承长期严重磨损且没有得到充分润滑有一定关系。

机组通常是在风速为 8～12m/s 时报"变桨电机温度高"停机，而当风速为 8m/s 以下或 12m/s 以上时，机组很少或不会报此故障停机。究其原因如下：

（1）功率控制方式不当，使变桨轴承使用寿命缩短。根据该机组采用的功率控制方式，在叶轮达到额定转速以后（风速 8m/s 左右），随着风速的增加，目标转速不再变化，机组通过增加给定扭矩来控制功率。当风速在 8m/s 以下时，叶轮转速较低，转速裕度大，阵风来临时机组不会变桨，变桨电机不工作，自然不会出现"变桨电机温度高"的问题；风速超过 8m/s 时，风电机组需控制叶轮转速保持恒定，因此在遇到极端阵风时，机组需要顺桨，阵风过后还需再次开桨；当风速超过 12m/s 后，虽然机组不停地调桨，但叶片运动幅度较小，变桨轴承磨损小，因此，也不会报"变桨电机温度高"停机。

由以上分析可知，因在 8～12m/s 风速段，机组顺桨、开桨频繁，叶片反复进行大幅度转动，不可避免地造成变桨轴承磨损加速、寿命缩短。因此，机组报"变桨电机温度高"停机，与采取的功率控制方式有着必然的联系。

（2）风电机组超速参数设置错误，加剧了变桨轴承寿命缩短。该机型软件超速停机设定值为 1990r/min，在机组运行范围（1000～2000r/min）内，在大风期必然导致机组报超速停机。当机组转速升至额定转速 1800r/min 以后，遇到极端阵风会触发超速停机。为处理该机型的超速停机问题，在不纠正该机型错误超速参数的情况下，只能通过修改变桨控制参数等尽可能把机组转速稳定在 1800r/min 左右，此举进一步增加了机组的变桨次数。且该机型执行错误的超速参数设置已超过 10 年，加剧了变桨轴承的损坏。合理的超速参数，既能够保证机组在极端风况条件下不会报超速停机，又可以充分地保证叶轮储能，保护变桨轴承、变桨电机等机组零部件。

（3）润滑不充足造成变桨轴承寿命缩短。处理机组故障时，为变桨轴承手动注油后，变桨电机温升状况得到了明显改善，说明变桨轴承内部润滑不足，其为变桨轴承寿命缩短的又一重要因素。

（三）监督建议

风电场应在日常的维护和定检中重视对变桨轴承的检查工作，包括但不限于检查变桨轴承表面是否清洁，防腐涂层有无脱落，润滑是否正常，密封是否正常。还应在运行维护过程中针对机组不同的运行环境条件采取相应措施，保证变桨轴承充分润滑。本例故障机组采用的是自动注油方式，但在冬天气温很低的环境下，润滑脂黏性很大，自动润滑油泵很难将润滑油打到变桨轴承内，而且由于自动润滑油泵容易发生故障，维护人员应定期检查变桨润滑泵是否正常工作、润滑集控单元是否有堵塞以及油管是否有松动或者漏油的现象，并且定期加注润滑油脂。采取手动注油方式更能保证变桨轴承的充分润滑，避免变桨轴承因润滑不充分而缩短寿命。

风电机组主控所采用的功率控制方式对变桨系统影响较大，除考虑跟踪最佳叶尖速比提高机组效率外，还应充分考虑并保证叶轮储能所需的转速裕度，保护变桨轴承等机组重要部件。通过优化控制策略，可以使叶片一直处于最大迎风面位置不顺桨，即在机组达到满负荷之前，即使出现极端阵风，也可以不顺桨；只有当持续风能超过机组满负荷功率时，叶轮才会通过顺桨释放出过多的能量。因此，在机组达到满负荷之前，叶片均可由变桨电机刹车器制动，使变桨系统长期处于休眠状态。就本例所述机组来说，如果主控功率控制方式为只有超过机组的满负荷时叶片才会顺桨，则不仅能充分吸收阵风带来的能量，还能有效减小阵风对机组的冲击，延长变桨轴承等重要部件的使用寿命，减少变桨系统耗电，降低变桨系统故障概率和备件用量。

七、风电机组变桨限位开关故障案例分析

（一）限位开关误触发故障

叶片位置不在限位位置时限位开关触发，则为限位开关误触发。某风电机组每个叶片在顺桨位置设置了 2 个限位开关，即 91°和 96°限位开关，其相关信息流如图 2-17 所示，由后备电池作为电源，通过电源总开关 4Q1 及微型断路器引入限位开关中，并由限位开关继电器采集限位开关状态反馈到控制器中。

叶片在非限位位置时限位开关触发，可先沿回路借助万用表排查故障原因。如不方便检查回路，可观测系统信息，做出初步判断。若只有 91°或者 96°限位开关当中的一个触发，则能确定是次限位

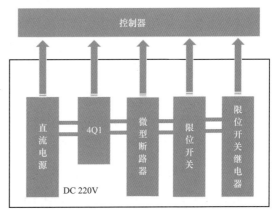

图 2-17　限位开关信息流

开关故障或限位开关继电器故障需要检修（如轮毂有异物需打扫）或更换；若是 91°和 96°限位开关均触发，则可能的故障为电源电压过低无法驱动继电器、电源总开关 4Q1 断开、微型断路器没合上、回路断线或接触不良、限位开关故障、限位开关继电器故障等。

（二）叶片位置传感器故障

风电机组变桨时，通过编码器判断叶片角度，如果编码器角度不准确，就不能掌握叶片是否开桨或安全回至 90°位置。一般在每个叶片的 3°～5°和 90°位置分别安装一个位置传感器，用于对叶片角度精度进行校准，判断叶片角度位置是否准确，以此来完成叶片角度的监控。

叶片位置传感器即接近开关，是一种对接近它的物体有"感知"能力的位移传感器，利用其对接近物体的敏感特性，控制开关的通或断。当叶片位置传感器感应到叶片靠近时，不需要机械接触及施加任何压力即可使开关动作，从而驱动直流电器，或给计算机（PLC）装置提供控制指令。

某风电场风电机组采用的接近开关只能检测金属物品，属于涡流式接近开关。由接近开关的工作原理可以看出，即使传感器上附着有不含金属粉末的油污，也不会对传感器的正常工作产生影响。但自某年开始，叶片位置传感器频繁故障，究其原因主要有如下几点：

（1）机械部件存在配合间隙，随着机械运动，间隙会发生一定变化，导致误差出现，且轮毂属于旋转部件，会加剧误差的增大。当累计误差超出传感器的感应区间，就会导致位置传感器故障。

（2）变桨驱动齿轮和变桨大齿圈长期磨合会产生一定磨损，产生少许铁屑，当铁屑和变桨轴承油脂混合，污染接近开关感应面，会导致故障发生。

（3）位置传感器的感应区间和叶片实际位置不匹配，可能由于异物触发传感器或者是传感器本身损坏。

（4）接近开关的插头接触不良、回路接线松动或者 PLC 模块存在故障。

某风电场故障检修统计如表 2-4 所示，风电机组故障原因主要为异物影响和误差影响。5 年内传感器仅损坏 1 个，说明传感器性能良好，能满足现场的可靠运行需求。针对实际发生故障的机组，每次故障后，对传感器和线路等硬件外观检查均未发现异常，对变桨系统进行 Teach 操作发现，Teach 结果为 FALSE，位置传感器 switch on 与 switch off 之间差值超出了感应区间，重新调整叶片位置传感器或者挡块后，Teach 结果则为 TRUE。所以风电机组的叶片运行一段时间后会存在误差，该误差是影响位置传感器故障的主要因素。

表 2-4　　　　　　　　　　　　某风电场故障检修统计

年份	首发故障次数	实际检修次数	未检修次数	异物影响次数	传感器损坏次数	线路影响次数	PLC 模块损坏次数	油污影响次数	误差影响次数
2016	31	21	10	5	0	0	0	0	16
2017	6	4	2	3	0	0	0	0	1
2018	13	10	3	4	0	0	0	0	6
2019	5	3	2	3	0	0	0	0	0
2020	7	5	2	4	1	0	0	0	0

对于故障能够自复位的机组，检修时同样检查传感器外观和回路，也未发现异常，Teach 结果显示，位置传感器 switch on 与 switch off 之间差值，在感应区间的边缘。可见，自复位情况也属于运行误差范畴。因此，为了消除误差，可以定期对变桨系统进行 Teach 操作，并将传感器的感应区间调整至中间位置，使传感器的适应误差能力更强。

（三）监督建议

针对风电机组变桨系统限位开关的相关故障，风电场应加强在巡视、定期检查和维护中的检查工作，每次定检应检查所有限位开关触点是否有磨损、灼烧及其他损伤痕迹，手动扳动限位拉杆操作检验是否正常，并定期对叶片角度进行校零，在保证另外两个叶片在安全位置的前提下，依次将单个叶片手动操作至机械零位（叶片角度刻度尺指示在零度）。

此外，定期对风电机组变桨限位开关进行校准操作，可以降低变桨限位开关的故障率。由于限位开关为变桨安全的最后保障，所以完成校准后需进行限位开关测试，在急停模式下手动限位，检查限位功能正常。

八、风电机组变桨蓄电池电压故障案例分析

（一）故障概况

某风电场的 1.5MW 风电机组采用电动变桨系统，进入冬季后，风电机组频繁报警 "133，134"，"133" 为 battery charging rotor blade drive，即变桨驱动电池存电，"134" 为 battery charging voltage not OK，即电池充电电压不正常。系统报警后，风电机组停机进行充电检测，充电检测正常后，风电机组启动运转。

133、134 故障报警随着季节的变化，在天气寒冷的秋季、冬季发生频率明显增多，频繁停机自检，影响风电机组的可利用率指标，并且严重影响风电场的经济效益。其处理方式是更换全部变桨蓄电池组，故障消失。通过统计发现，新电池组在使用 3~4 个月以后，故障现象又重新出现。风电场为确保设备运行安全只能频繁更换蓄电池组。

（二）故障原因分析

通过仔细查看与核对变桨蓄电池在线监测采样数据并进行相关分析，发现以下几个突出问题：

（1）变桨电池组蓄电池过/欠充电。风电场变桨蓄电池组使用阀控铅酸蓄电池，在充电过程中，因电池个体差异性（极化电阻不均衡），整组电池对于充电的接受能力不同，导致过/欠充电现象。整组电池中部分电池处于一直充不满的欠电状态，部分电池不得不接受高电压充电（因充电总电压不变），从而出现长期的过充电，导致电池损坏加速。

（2）蓄电池存在个体差异，未进行整组均衡。变桨电池组在初次使用前，应对电池进行至少 3 次核对性充放电及电池组均衡检验，避免因电池极化电阻不同而引起的接受充电能力不均衡的现象产生，从而减少蓄电池组电池过充、欠充、热失控的危害产生。

（3）变桨电池组结构不利于电池散热，热失控加速电池损坏。进口变桨电池组与国产变桨电池组都考虑到电池组固定紧密，避免松动，从而在结构上采取粘连的方式固定电池。进口电池组在生产工艺上优于国产电池组，电池间保留了很小的缝隙，用环氧树脂进行粘连；国产电池组在生产工艺上明显不足，电池间基本没有间隙，且采用普通胶进行粘连。为了降低电池组重量，进口与国产电池组都在固定铁架底部采用复合纸板对电池进行承托作用，不利于电池散热，导致电池组散热能力下降，电池热失控导致电池损坏。

（4）变桨电池组中的单体电池无法进行检测。风电机组现有系统仅可以检测每支叶片变桨电源电压（即 2 组或 3 组变桨电池组串联的总电压），对于每个变桨电池组和变桨电池组里面的每只电池没有相关检测数据。而检测串联 2 组或 3 组的总电压，从维护角度看，作用不明显。

参考某型号风电机组，2 组变桨电池组串联为一支叶片提供后备储能。其中每组电池串联电压为 76.8V（6 只 12V 电池串联，每只开路电压 12.8V，6 只总电压 $6 \times 12.8 = 76.8V$），2 组电池串联总电压为 153.6V，若 2 组电池内个别电池低于 10.5V（放电终止电压，低于此值说明电池已损坏），总电压仅降低 1.5%，很难引起足够的重视。若没有发现失效单体电池，必将导致整组电池失效的速度加快。

（5）变桨电池组大量库存。变桨电池组故障后，若没有备件及时更换，将导致风电机组停机，且变桨电池组采购周期长，因此风电场需储备大量变桨电池组备件。但蓄电池经过长期存放后，若不及时进行充电维护，其寿命会大大下降。

（6）电池热失控。以 25℃为基准，温度每升高 10℃，电池寿命就缩短一半。风电场环境恶劣，夏季风电机组温度一般在 35℃以上，电池大概率会在夏季因温度过高和热失控等原因损坏。

（7）电池组结构不支持单只失效电池更换。电池组失效是从单只电池失效开始，且电池组故障后整组电池中可能还存在着可以正常使用的电池。由于常用变桨电池组的结构无法支持单只电池更换，故障后只能整组更换，增加了风电场的维护费用投入。

（三）监督建议

若风电场使用的风电机组为电动变桨系统，则建议每半年检查蓄电池本体是否清洁，有无放电、漏液现象，引出端子及各部分连接是否松动，通气孔有无堵塞，检查蓄电池电加热装置投退是否正常，环境温度在低于 15℃时是否能自动投入、高于 25℃时是否能自动退出。每年应对蓄电池进行测试，包括容量、容量一致性、充电接受能力、荷电保持能力、循环耐久能力，蓄电池单体电压应符合端电压平衡性能相关要求，如超过规定应对成组全部电池进行更换。为确保安全，根据 NB/T 31072—2022《风电机组风轮系统技术监督规程》要求，电动变桨系统蓄电池运行满 3 年宜全部更换。

在变桨电池组安装前，应对电池组进行整组均衡，确保电池的内阻和电压都处于正常值范围，使蓄电池的使用时间和出力特性都达到最优化。为了应对电池的热失控，宜采用导热能力较好的铝合金材料制作电池架，提高电池散热能力，方便更换单只蓄电池，使电池可以重复使用。此外，有条件的风电场还可以安装在线监测、均衡系统，对电池组中每一只单体电池的使用状态进行全程监控，掌握每只蓄电池的开路电压、充电电压、放电时状态，通过系统数据分析，识别并及时更换弱化蓄电池，以延长整组电池使用寿命，避免整组更换蓄电池产生高额费用，从而提高工作效率。

九、风电机组轮毂与叶片连接螺栓变形断裂案例分析

（一）故障概况

某风电场单台风电机组轮毂与叶片连接所使用的高强度螺栓数量为 180 颗，每个轴各 60 颗，螺栓标号为 M36，性能等级为 10.9 级，连接方式为 T 形螺栓连接，即 1 套高强度螺栓包含 1 个六角螺母、1 根双头螺杆、1 个横向螺母，双头螺杆两端均有螺纹，且一端为内六角凹端，如图 2-18 所示。

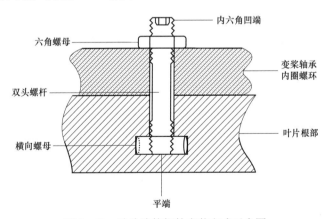

图 2-18　叶片连接螺栓安装方式示意图

某日，该风电场某风电机组报出"变桨系统驱动器故障"，现场维护人员登机后在

轮毂内发现，有断裂的叶片连接螺栓卡在变桨齿轮处，通过对该台机组全部叶片连接螺栓进行详细检查，共发现断裂螺栓 4 颗、变形螺栓 21 颗。

（二）叶片螺栓变形断裂原因分析

结合维护台账与消缺记录，对该机组变形断裂螺栓逐颗进行目视检查分析，得出主要原因如下：

（1）螺栓安装不规范。维护人员在对该风电机组叶片螺栓排查时发现，1 颗螺栓上端部位置明显高于其余螺栓，螺杆露丝长度过长。进一步检查发现，螺栓内六角凹端已变形，疑似为受到挤压或摩擦导致。另外，在现场检查时发现，其余未变形螺栓扭矩值偏差较大，造成螺栓承载力不一致，进而发生断裂。

（2）断裂螺栓更换不及时。发生断裂的 4 颗螺栓中，有 2 颗为一年前断裂，因更换难度较大，维护人员未及时进行更换，造成相邻螺栓承载力过大发生断裂，断裂螺栓的螺杆和六角螺母随叶轮在轮毂中运动，导致部分螺栓内六角凹端变形、部分螺栓六角螺母变形、部分螺栓露丝变形，最终断裂螺栓的螺杆和六角螺母卡在变桨齿轮处，导致风电机组主控报出"变桨系统驱动器故障"，引发停机。该情况给后续的螺栓更换增加了难度。

（3）螺栓抽检不合理。现场检查全年定检时螺栓力矩抽检标识划线，发现叶片连接螺栓抽检不均匀，抽检螺栓多数靠近轮毂导流罩区域，靠近机舱区域的螺栓基本未抽检。虽然抽检的螺栓数量满足风电机组厂商机组标准化维护手册中"全年定检时轮毂内叶片连接螺栓抽检不少于 10%"的要求，但抽检区域过于集中，不利于发现松动螺栓，造成整体承载力不均匀，发生螺栓断裂。

（4）维护人员误操作。维护人员在进行风电机组日常维护，如添加变桨润滑油脂、更换变桨电池、更换变桨电机时，因工作疏忽，将扳手等工具遗落在轮毂内。在风电机组运行时，遗落的工具撞击叶片连接螺栓的螺杆或六角螺母，导致螺杆螺纹受损或螺母变形，甚至工具可能卡在螺栓与其他零部件之间，给螺栓造成更为严重的损伤。

（三）监督建议

轮毂是连接叶片与风电机组本体的重要部件，其中轮毂与叶片等其他部件的连接螺栓的可靠性决定了风电机组能否安全稳定运行。因此，风电场应对螺栓的安装、运行、维护进行全过程的精细管理。螺栓安装前应具备出厂检验合格证、验收记录单、检测报告等，确保其质量符合相关标准要求。机组投运后 1、3 个月应检查叶片与轮毂连接螺栓预紧力是否合格，投运 3 个月时应对各部连接螺栓进行紧固。

在投运后的定期维护工作中，风电场应严格把控全年定检时叶片螺栓力矩抽检质量，保证抽检区域均匀，以及抽检时液压拉伸工具预设力矩值符合相应机组标准化维护手册要求，并可根据实际情况适当加大抽检比例。至少每半年对风电机组进行螺栓力矩抽检，若发现问题应进行全检。力矩不合格率达 30% 以上时，宜对轮毂与叶片、轮毂与主轴连接螺栓进行无损探伤检测，并对不合格螺栓进行全部更换。对于运行满4年的风电机组，每3年可对轮毂与叶片、轮毂与主轴连接螺栓进行疲劳检测试验，每台风电机组同一部位抽检率不应低于2%，合格率应为100%，发现问题则应对每台机组同一部位的螺栓进行全部更换。

　　进行日常巡检时，应认真查看叶片连接螺栓有无变形和异常，发现缺陷应及时消除。此外，可利用螺栓监测技术对叶片连接螺栓进行监测，通过技术手段对叶片连接螺栓进行监测分析，及时发现螺栓缺陷和隐形问题，避免因缺陷发现不及时或消缺不及时造成螺栓变形断裂。在轮毂内作业消缺时，工作人员应保管好携带工具，确保控制柜、电池柜柜门安装到位，避免遗落的工具或掉落的柜门等撞击叶片连接螺栓造成螺栓变形断裂。

第三章

风电机组传动系统技术监督

风电机组传动系统是风电机组的核心组成部分，整机的工作寿命和经济效益与其运行状况的好坏密切相关。风电机组叶片的空气动能通过传动系统转化为机械能并传送到主轴和发电机，最后以电能的形式传送到电网，传动系统对风电机组的发电效率和可靠性具有重要作用。传动系统主要由齿轮箱（直驱风电机组无此部件）、主轴、发电机、联轴器、刹车盘、高速轴等部件组成，是传递能量的复杂结构部件，由于受到不同的冲击载荷的影响，容易发生故障、出现问题，其中，齿轮箱、主轴、发电机、联轴器是高发故障部件，加强技术监督、进行预防性维护以及故障及时处理对风电机组的安全可靠运行尤为重要。

本章首先对传动系统的结构及其重要的组成部件进行介绍，同时对各部件的工作原理及作用进行简要说明，然后介绍了传动系统技术监督的内容及在实际运行中存在的常见问题，最后根据典型故障案例展开故障原因分析，并从技术监督的角度给出相关处理建议。

第一节 传 动 系 统 简 介

本节对传动系统中故障高发的齿轮箱、主轴、发电机、联轴器等部件分别进行介绍，包括各部件的工作原理和作用等。

一、齿轮箱

风电机组的传动系统是将风轮旋转速度转化为发电机所需转速的关键系统，其中齿轮箱是该系统的主要部件，主要用于双馈或半直驱风电机组，如图 3－1 所示。随着兆瓦级风电机组装机容量的不断增加，齿轮箱已成为不可缺少的部件，能有效提高传动系

统增速比，减少机舱空间占用，优化机舱整
体设计。

　　齿轮箱的主要作用是将主轴较低的转速
提高到能够匹配发电机额定运行的转速。齿
轮箱构造复杂，一般由一级行星齿轮和两级
平行齿轮构成，如图3-2所示。自然界风力
风速处于不稳定状态，给齿轮箱带来交变冲
击，同时负荷端的变换也会对齿轮箱的运行
状态造成一定影响。齿轮箱的健康与否对机
组的整体效能影响重大。

图3-1　风电机组齿轮箱

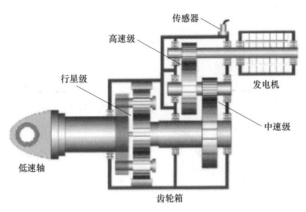

图3-2　风电机组齿轮箱结构

二、主轴

　　风电机组主轴轴承作为发电机组传动系统的关键部件，是叶轮和齿轮箱的连接部
分，其两端分别与轮毂和增速齿轮箱的输入轴相连，并通过滚动轴承安放在主机架上。
主轴在风电机组的机械传动链中具有传动能量作用，如图3-3所示。

图3-3　风电机组主轴

当风电机组运行时，在风轮载荷的作用下，主轴将受到径向力、轴向力、弯矩及转矩的共同作用，并将转矩传递给增速器齿轮箱，将径向力、轴向力及气动弯矩传递给轴承座和主机架。根据相关要求，主轴应满足极限强度和疲劳强度的要求，在运行过程中要具有足够的强度和刚度，同时保证 20 年的使用寿命。由于风电机组运行环境恶劣，风速、风向的变化随机性强，外部环境温度变化大，主轴频繁受到风轮弯矩和轴向推力的作用，发生故障的概率较大。

三、发电机

发电机是实现风轮机械能转换为电能的关键部件，有异步发电机和同步发电机两

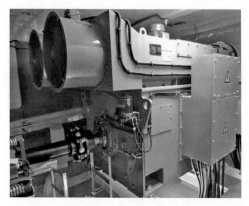

图 3-4 风电机组发电机

种。普通异步发电机结构简单，可以直接并入电网，无须同步调节装置，缺点是风轮转速固定后效率较低，而且在交变的风速作用下承受较大的载荷。为了克服这些不足之处，相继出现了高滑差异步发电机和变转速双馈异步发电机。同步发电机的并网一般有两种方式：一种是准同期直接并网，这种方式在大型风电机组中极少采用；另一种是经过交-直-交变流并网。某双馈异步发电机如图 3-4 所示。

近年来，由于大功率电子元器件的快速发展，变速恒频风电机组得到了迅速的发展。同步发电机也在风电机组中得到广泛的应用。为减少齿轮箱的传动损失和发生故障的概率，有的风电机组（又称无齿轮箱风电机组）采用风轮直接驱动同步多极发电机，其发电机转速与风轮相同，随着风速变化，风轮可以转换更多的风能，所承受的载荷较小，可减轻部件的质量；缺点是结构复杂，制造工艺要求很高，需要变流装置才能与电网频率同步，经过转换有能量的损失。

变速风电机组的风轮转速可以根据风速变化，实现不同风速下的最大风能捕获，提高风电机组的效率，是大型并网风电机组的主流形式。变速风电机组构成的发电系统按照发电机的并网方式不同分为两种结构：

（1）发电机的定子与电网直接连接，通过控制发电机转子的转速，使转子转速在一定范围内变化，保证定子输入电能的频率恒定（与电网频率同步）。转子转速可调的发电机有两种形式：一种是可变转子阻抗的异步发电机，通过改变转子阻抗，可以使发电机的转差率在一定的范围内变化，如图 3-5（a）所示；另一种是双馈异步发电机，其转子通过变频器与电网连接，如图 3-5（b）所示。

（2）发电机的定子通过变频器与电网连接，转子转速可以任意变化，通过调节变频器，保证并网电能的频率恒定（与电网频率同步），即发电机产生的全部电流经过变频器进行变频，因此也称为全功率变频风电机组。全功率变频结构同样有两种发电机形式：一种是带齿轮箱的交流发电机，其定子输出通过全功率变频器与电网连接，其变速范围原则上可以从零到发电机能够处理的最大值，如图 3-6（a）所示；另一种是直驱式同步发电机，其定子输出同样经全功率变频器与电网连接，如图 3-6（b）所示。

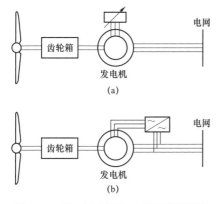

图 3-5　发电机定子与电网直接连接的
变速风电机组
（a）带可调阻抗的变速风电机组；（b）双馈风电机组

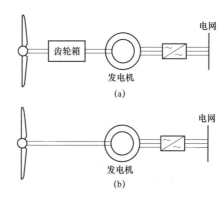

图 3-6　发电机定子通过变频器与电网连接的
变速风电机组
（a）带齿轮箱的同步发电机组；（b）直驱式同步发电机

四、联轴器

联轴器是风电机组中的重要部件，安装于风电机组主传动链的增速器和发电机之间，如图 3-7 所示。联轴器在主传动链中起着连接传递扭矩、各向补偿和绝缘保护等作用，其性能和可靠性直接影响风电机组的可靠运行和发电量。某联轴器如图 3-8 所示。

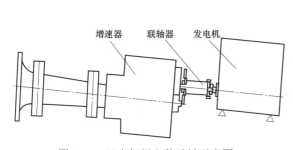

图 3-7　风电机组主传动链示意图

图 3-8　风电机组联轴器

由于发电机端高速运转和机组振动等原因会造成增速器输出轴和发电机输入轴的对中出现偏差，而联轴器可以保证风电机组在运行过程中传递扭矩、位移补偿、力矩打滑和绝缘阻抗等性能，具体指标应满足以下要求：

（1）传递扭矩。风电机组运行时主传动链的机械载荷经联轴器传递到发电机，考虑到联轴器在运行过程中会承受瞬时极限扭矩，通常设计极限扭矩为额定转矩的2.5～3倍。

（2）位移补偿。位移补偿包含轴向偏差、径向偏差和角向偏差。各种类型的联轴器有所不同，通常轴向位移允许数值范围为径向位移的2～3倍，角向偏差允许范围为1°～2°。

（3）力矩打滑。为避免增速器和发电机意外过载，联轴器需具有力矩打滑功能。联轴器应满足发电机意外过载引起其在一定程度上的力矩打滑，通常打滑力矩的设定波动范围在额定力矩的15%以内。

（4）绝缘阻抗。联轴器通常要求不小于100MΩ的阻抗，能耐受2kV电压，以防止发电机转子的寄生电流传到增速器。

第二节 监督内容及设备维护

一、技术监督常见问题

（一）齿轮箱

风电机组齿轮箱的常见故障主要有齿轮故障、轴承故障、传动轴故障、润滑油故障、润滑系统故障以及其他系统故障等。

1. 齿轮常见故障

风电机组齿轮箱齿轮常见故障主要包括断齿、齿面疲劳、齿面胶合、齿面点蚀，主要原因分析如下：

（1）齿轮自身齿面接触疲劳强度或齿根弯曲疲劳强度不够，导致在早期运行时齿轮箱容易产生点蚀、疲劳裂纹甚至断齿等故障。

（2）气候类型复杂多变，风电机组受到超过其设计风速的强阵风采取紧急制动，齿轮箱承受的冲击负载较大，当超过齿轮极限强度则会引起齿面断裂或断齿等故障；此外，由于风速不断变化，一次瞬时过载就可能引起擦伤或严重胶合，进而使齿面在极短时间内出现损伤。

（3）风电机组由于安装在野外，其机舱内不易保持清洁，尤其有些地区风沙较大，齿轮箱在加油或进行检查时存在外界杂物落入的情况，导致润滑剂清洁度降低，齿轮或轴承表层的剥落异物进入齿轮啮合区，导致齿面磨损甚至断裂。

（4）润滑系统工作异常，润滑油未充分冷却，齿轮润滑和散热不良，进而导致齿轮齿面胶合。

2. 轴承常见故障

风电机组齿轮箱通常是在恶劣的环境状态中运行，承载大量扭矩，且由于齿轮箱尺寸非常大，重型部件可能会导致齿轮啮合和轴承错位。

齿轮箱轴承失效主要在高速轴承（承载较低负载）、行星轴承（承载较高负载）和中间轴轴承三个位置。引起齿轮箱轴承失效的主要因素包括温度波动、轴承打滑、腐蚀环境（由于潮湿）和轴承不同部件上润滑剂的降解等，这些因素导致轴承上可能会出现各种表面失效，如擦伤、微穿孔、磨损、大孔、表面裂纹、电蚀等问题，并且在风电机组停机期间，小的振动可使微动磨损发展恶化。风电机组齿轮箱轴承表面失效模式如下：

（1）擦伤。由于两个配合表面上的滑动接触摩擦而产生高塑性变形，主要原因为润滑不足，多由于轴承、润滑剂供应和添加剂配方等设计不当造成，可分为以下两类：

1）润滑剂故障原因主要为润滑剂不足、润滑过度或润滑剂类型使用不正确。此外，应注意不同润滑剂之间可能存在不相容的问题。

2）润滑剂污染会使轴承滚道凹陷，是大型风电机组轴承故障的另一个主要原因，其污染源多为磨损碎片、残留颗粒、脏的润滑剂或水。

（2）磨损。磨损属于材料失效的一种类型，当基体和对抗体接触到劣质润滑剂时就会发生磨损，它是由于固体、流体或气体对抗体的机械作用而导致材料持续损失。齿轮箱轴承磨损常见故障模式可分为黏着磨损和磨粒磨损。

1）磨粒磨损也称为颗粒磨损或三体磨损，磨损机制包括微切削、微断裂、拔出和单个颗粒，因此，润滑剂故障和污染也是引起轴承磨粒磨损的诱因。

2）黏着磨损是由于接触面间的相对运动而引起，导致塑性变形和材料发生表面间的转移，因此黏着磨损会改变原始表面纹理。

（3）电蚀。包含过高的电压腐蚀（电点蚀）和电流泄漏腐蚀（电沟槽）。

1）电压过高（电点蚀）是由积聚的颗粒或带电润滑剂引起的，当不对称效应在轴承架和轴之间感应出电压差时，电流随后会产生火花和电弧，进而熔化轴承表面。

2）电流泄漏（电沟槽）发生在相对较低的连续交流或直流电流中，与电点蚀相比更温和，最初受损的表面类似于位置相近的浅陨石坑，之后一簇簇浅坑形成深色的等间距凹槽。沟槽是滚道上的搓板效应，会导致受损表面的噪声和振动。

（4）白色腐蚀裂纹。白色腐蚀裂纹会通过白色微结构剥落，微点蚀和轴向裂纹导致轴承过早失效，发生严重的噪声和振动，但它不同于剥落，是在传统材料上由于滚动接触疲劳而形成的，由过载拉伸应力产生，属于材料失效。

3. 传动轴常见故障

风电机组齿轮箱传动轴包括高速轴、大齿轮同心轴（空心轴）以及行星架。齿轮箱的输入端转速慢、转矩大，而且转速随风速变化而变化，所以空心轴主要的失效形式为变形失效。输出端高速轴经过齿轮箱加速使得其转速大且随时间变化，故障类型与空心轴有差别。关于齿轮箱轴的失效类型主要有磨损、变形和断裂。

（1）磨损。轴的磨损主要是由于轴与轴承发生相对运动而引起。

（2）变形。据故障数据统计，齿轮箱中空心轴发生变形的故障次数最多。

（3）断裂。轴断裂主要由过载引起，轴承内圈与轴为过盈配合，当轴承失效后，滚子将内外圈卡住。轴承内圈和轴之间、外圈和箱体之间发生相对运动产生摩擦，将轴承安装部位包括箱体内孔和轴颈磨损或破坏。

4. 润滑油常见故障

齿轮箱内润滑油常见故障大致分为三种：

（1）润滑油温度太高或太低。风电机组中齿轮箱润滑油温度升高，热量的主要来源是输入功率在传动过程中的损失、啮合齿轮和轴承之间产生的热量和周围气温的升高，此外，冷却风扇故障以及齿轮箱安装环境空间小、散热较差等因素也会导致润滑油散热不及时，超过控制温度。同时，机组长时间处于满发状态，齿轮轴承等构件发热量增大，油温也会上升。

油温升高导致润滑油黏度下降、老化变质加快，缩短了换油周期。且油温高会使齿面轴承旋转面的摩擦增大以及发生齿面胶合故障，过度磨损所引起的点蚀会导致齿轮齿面剥落甚至断裂。润滑的黏度随着温度降低而增加，当黏度过大时，润滑油的流动阻力加大，使润滑效果变差。

（2）润滑油被杂质污染。风电机组安装在野外，齿轮箱运行在较差的环境，润滑油也很容易被杂质污染，超过规定尺寸的硬质颗粒物会加速轴承的磨损，增加表面粗糙度，导致发生早期剥落。在磨损过程中，滚动线以外的区域磨损更为严重，会加速疲劳失效，并降低轴承寿命。

（3）漏油。漏油的原因主要有密封圈损坏、油温升高导致润滑油变稀或回油不畅。

5. 润滑系统常见故障

齿轮箱润滑系统常见故障主要有油泵电机故障、过滤器损坏、润滑系统压力异常、液压阀或电磁阀损坏、监控传感器故障等。

6. 其他部件常见故障

除上述故障外，齿轮箱的其他子系统，如密封装置、冷却系统、传感器、空气过滤器、电加热器等也会发生故障，进而影响齿轮箱正常运行。

（二）主轴

主轴常见故障主要包括：滚动体和滚道接触表面受到脉动循环交变应力产生的疲劳

剥落（点蚀）；由于相对运动、密封不良导致外界污染物进入轴承内部产生磨损；由于润滑不良以及装配误差引起磨损或擦伤；轴承承受载荷过大、机械振动等原因导致接触面形成塑性变形凹坑，轴承中进入来自外界的硬粒引起压痕；轴承密封不严，外界的水分或者腐蚀性介质侵入轴承的工作空间引起轴承化学腐蚀；轴承零件所承受的应力超过轴承材料的断裂极限时，在其内部或者表面可能会产生断裂或者局部断裂；装配不当、冲击载荷等原因造成的保持架损坏；润滑不足引起的接触表面胶合等故障。

（三）发电机

1. 电气故障

按照发电机的子系统划分，发电机电气故障包括定子故障、转子故障和冷却系统故障。

（1）定子故障。主要有定子绕组过热、绝缘损伤和接地。绝缘故障主要原因是磨损、污染、裂纹、腐蚀等；电磁和机械振动造成定子槽部线棒产生移位、冷却水泄漏等。定子铁芯故障主要源自制造安装过程的机械缺陷，引起局部叠片间的短路。故障造成过热、绝缘烧损、短路（匝间、相间或三相短路），严重时造成定子绕组或绝缘烧损、铁芯烧损，甚至爆炸。

（2）转子故障。分为转子绕组故障和转子本体故障。绕组故障主要是由于绝缘磨损引起的接地、匝间短路，造成转子绕组烧损、发电机失磁、部件磁化等。此外，匝间短路造成磁通量不对称和转子受力不平衡，引起转子振动。由于接头开焊、热变形和振动也可能导致断线故障，造成电弧放电和电源电流波动。转子本体故障除了典型的机械故障（弯曲、裂纹、套件松动）外，电源中的负序电压引起转子内涡流损耗，导致过热和疲劳裂纹。此外，电网侧的突变瞬态过程也会对转子产生应力冲击，引起扭振损伤。

（3）冷却系统故障。主要有定子和转子冷却系统的泄漏和堵塞故障。原因包括冷却管道材料缺陷、安装不当、振动、冷却介质含有杂质等。冷却系统故障导致冷却效率下降、温度升高、结构过热，绝缘烧损。

2. 机械故障

机械故障主要指发电机机械结构产生的故障，包括转子本体及其支撑结构故障、发电机机架及基础连接部分的故障等。

（1）转子本体故障。转子不平衡、不对中、转子裂纹、套件松动等。

（2）支持轴承故障。滚动轴承失效、油膜轴承的油膜失稳等。

（3）机架和基础故障。机架开裂、基础松动、结构共振等。

（四）联轴器

联轴器是风电机组中连接齿轮箱和发电机的重要部件，由于风速频繁变化，联轴器受到叶轮转动中传递的随机变载，易发生联轴器松动、联轴器打滑故障，甚至发生飞车事故，给风电机组的安全稳定运行带来很大影响。

二、技术监督内容

（一）齿轮箱

（1）齿轮箱的设计、制造及型式试验项目应符合 GB/T 19073—2018《风力发电机组　齿轮箱设计要求》的要求。

（2）检查齿轮箱运转时有无异常声音及振动情况。

（3）检查齿轮箱箱体有无泄漏，油压、油位和油温是否在规定范围内。

（4）检查齿轮箱油过滤装置、油加热系统、呼吸器、冷却系统是否正常工作。

（5）检查齿轮箱支座缓冲装置及其老化情况。

（6）检查齿轮箱所有连接件螺栓是否松动，螺栓有无锈蚀现象。

（7）通过观察孔或内窥镜检查轴承有无明显的剥落、点蚀、裂纹、塑性变形等损伤，齿轮有无断裂和齿面有无明显的点蚀、胶合、塑性变形、磨损等损伤。

（二）主轴

（1）检查主轴转动时有无异常振动和响声。

（2）检查主轴及其部件有无裂纹、磨损、腐蚀现象。

（3）检查是否根据力矩表紧固主轴螺栓，螺栓有无松动、锈蚀。

（4）检查主轴的轴承支撑有无异常。

（5）检查主轴密封圈是否完好、油管及接头是否有渗漏。

（6）检查主轴轴承温度是否正常，润滑是否良好，主轴润滑油泵油位是否正常。

（7）检查主轴防雷装置、刹车装置是否正常，防雷碳刷检查更换记录是否完整、齐全。

（三）发电机

（1）发电机监造主要依据 NB/T 31012—2019《永磁风力发电机技术规范》、NB/T 31013—2019《双馈风力发电机技术规范》，永磁风力发电机技术要求、出厂试验项目、型式试验项目以及现场试验项目应符合 NB/T 31012—2019《永磁风力发电机技术规范》的要求，双馈风力发电机技术要求、出厂试验项目以及型式试验项目应符合 NB/T 31013—2019《双馈风力发电机技术规范》的要求。

（2）检查发电机底座螺栓是否有松动、电缆磨损情况及其紧固程度。

（3）检查发电机绕组绝缘与直流电阻是否正常。

（4）检查发电机轴承温度是否正常，润滑是否良好，有无油脂渗漏，运行中有无异常噪声和振动。

（5）检查发电机编码器、碳刷、集电环、转子转速是否正常，转子对中情况是否正常，碳刷检查更换记录是否完整、齐全。

（6）检查发电机冷却系统运行情况，风扇是否正常，排风管道有无堵塞。

（7）检查发电机润滑系统运行情况，对加油、排油情况进行检查。

（四）联轴器

（1）检查外观。

（2）检查联轴器护罩是否完好、有无松动。

（3）检查紧固螺栓。

（4）检查橡胶缓冲部件，检查弹簧膜片裂纹。

（5）检查万向联轴器轴承、花键，检查刚性联轴器是否有打滑迹象。

三、设备维护

（一）齿轮箱

1. 齿轮箱油品检测及更换

为保证齿轮箱正常运行，需要从齿轮箱取出油样进行分析，为保证采样的准确性，应在齿轮箱温度 40～50℃时取样，在齿轮箱过滤器放油口使用专门的集油瓶进行取样，采集的油样应在遮阴处存放，环境温度控制在 20℃左右，防止油液质变。采集全部完成后，应尽快邮寄至检测单位。定期取油样送检，根据检测结果确定是否更换油液。检测项目主要包括运动黏度、水分、总酸值、污染度、光谱元素分析、PQ 指数、铁谱分析等。

润滑油理化性能已不能满足齿轮箱使用时，应进行油品更换，待换油品应与原油品型号一致。换油前，需保证机组油温在厂商要求的温度以上，方便排废油，同时锁定高速轴，断开润滑油泵开关，清理齿轮箱视孔、滤芯放油口、齿轮箱底部放油阀口。打开齿轮箱底部放油口放油，同时要放出过滤器中油液，更换滤芯。废油放完后，可通过视孔向齿轮箱注入冲洗油，启动润滑系统，使油液循环。清洗干净后，通过注油孔注入新油，注油时注意观察油位指示器应在厂商要求的刻度范围之间，切忌过度加油。将视孔盖上紧，检查齿轮箱整体是否有漏油情况。启动油泵，使油液循环一定时间后静置，检查油位液面是否在要求范围内，若液面低于最小值，在齿轮箱注油口进行油液补加。

2. 齿轮箱损坏更换维护

当齿轮箱出现齿轮损坏等严重故障时，应更换齿轮箱。在更换齿轮箱前，需要进行一些准备工作，包括准备所需的工具和备用零部件，如新的齿轮箱、油液、滤芯等；同时，需要将机组停机，并确保机组处于安全状态。卸下齿轮箱时应先将齿轮箱底部的油放空，并清理齿轮箱视孔、滤芯放油口和齿轮箱底部放油阀口，拆卸齿轮箱润滑油管路和电缆，用专业设备将齿轮箱从高速轴上卸下，移到指定区域进行维修处理或更换新的齿轮箱。修复或更换齿轮箱齿轮和轴承，拆卸齿轮和轴承等部件，注意标记和记录拆卸的顺序和位置。将修复或新的齿轮箱安装到高速轴上，并使用合适的工具固定螺栓。更换齿轮箱后，需要对齿轮箱进行清洗和检查，确保没有杂质和异物，进行润滑油泵和润滑系统的检查和调整，确保润滑油能够正常供应到齿轮箱中，将齿轮箱视孔、滤芯放油口和齿轮箱底部放油阀口进行密封，更换新滤芯，并将新油液加入齿轮箱中。在装配齿轮箱后，检查油液是否充足，并进行润滑油系统的调整和测试。最后，进行试运行，观察齿轮箱的运行状态和噪声情况，确保正常运行。

3. 齿轮箱视孔渗油维护

齿轮箱视孔渗油一般由视孔盖板与箱体之间密封垫损坏、密封胶未涂抹、螺栓未拧紧等造成。拆除观察孔盖板固定螺栓，清理干净油污。检查盖板与箱体之间密封垫是否损坏，若损坏或缺失，要将箱体上剩余部分密封垫铲除干净，更换新密封垫。恢复视孔盖板前，需在结合面处涂抹密封胶，涂抹需保证箱体内无胶体掉入。将观察孔盖板重新安装到位，按力矩拧紧螺栓。

（二）主轴

（1）主轴、轴承座、端盖等零部件表面防腐涂层如存在碰伤、脱落等现象，应去除油污、锈迹后进行补漆。

（2）主轴轴承设计和制造设有密封装置，主轴轴承座密封处漏油原因和维护方法如下：

1）密封结构设计、制造精度不匹配引起。主轴轴承座密封处如有大量油脂溢出，一般为设计或制造精度不足造成密封效果下降引起，应与厂商针对漏油情况进行问题改进，对溢出油脂擦拭、清理处理，并及时对轴承内部油脂进行补充注油，补充注油量不能小于油脂溢出量。

2）密封条磨损、老化引起。随风电机组运行时间推移，油脂溢出逐渐增多，该现象往往是密封条老化或磨损引起，应及时进行更换处理，对轴承内部油脂进行补充注油。

3）轴承座及轴承内部油脂过满。由于无泄油通道，在几次注油润滑周期后，轴承内部及轴承座内部油脂积压，造成内部油脂压力过大，从密封处开始出现严重漏油。应定期打开排油通道，保证油脂能够按排油通道正常溢出，同时应及时对轴承内部油脂进行补充注油。

（3）防雷碳刷磨损超过厂商要求磨损标准时应更换，主轴防雷碳刷安装后，应保证导通。

（三）发电机

1. 发电机轴承检查及油脂清理

检查发电机运行声音和振动情况，发现发电机轴承有轻微异响，可以采用对轴承加注润滑脂继续进行观察的处理方法，发电机轴承润滑按照厂商要求的周期加注轴承润滑脂。如果检查发现轴承有较大异响且伴随有较大振动，需要对发电机进行拆解检查。

（1）发电机前轴承油脂清理及检查维护。按照厂商要求流程，拆除集电环、高速刹车磨损传感器接线、联轴器、发电机转子轴锁紧盘、前轴承注油管、接油槽、测温传感器、前轴承封油盖、封油环等部件，清理油脂和清洗轴承，并进行检查，如果发现轴承有大面积剥落、电蚀、内外圈断裂、保持架损伤等损坏现象，应对轴承进行更换。拆除发电机轴承，清理外封油环，在外封油环内加注新润滑脂。新轴承回装宜采用热装的方法，轴承、轴承套、封油环应进行热套。安装过程中轴承与轴卡涩严重、无法顺利安装时，必须将轴承迅速取下重新加热，提高加热温度后再进行热套作业。加油完毕后开展外封油环的加热安装工作，外封油环安装时应先进行清理工作，安装方法同轴承安装方法。恢复后，完成机械对中后才能恢复风电机组并网运行，并按设计要求将发电机限转速运行一定时间，保证轴承充分润滑及磨合。

（2）发电机后轴承油脂清理及检查维护。按照厂商要求流程，拆除发电机尾部通风罩、集电环室盖板、碳刷、发电机底部碳粉收集器、发电机通风壳体、测温传感器、碳刷信号线、集电环室外壳、集电环、后轴承端盖等部件，同轴承检查方法，确定是否进行轴承更换。新轴承同样采用加热安装的方法，将润滑脂均匀注入轴承内部和轴承端盖内，回装轴承端盖，在装复前、后端盖及挡油盖前，应仔细检查加油孔是否对准，油路是否畅通，回装恢复其他部件后全面检查，进行试运转观察振动情况及声音。

2. 滑环和碳刷维护

碳刷摩擦时会在滑环相与相之间和滑环室内积聚灰尘。为保证滑环绝缘质量，应定期检测及清洁。卸除滑环外罩检查窗口后，可先用吸尘设备去除滑环室内和刷盒内的浮尘，再去除滑环、滑环之间及碳刷装置之间绝缘区上的灰尘，不应用压缩空气吹洗滑环室。碳刷应在正常压力下与滑环摩擦，其接触面刷压应在厂商要求的范围内，各处刷压必须保持均匀一致。检查碳刷使用状态，若碳刷长度在厂商要求长度以下，应更换碳刷。

碳刷磨损快的原因包括：集电环表面已经发生严重的划痕或烧痕引起表面粗糙和毛刺、云母环变形等；空气比较干燥时在集电环表面没有形成氧化膜，造成集电环表面与碳刷接触面干磨；电流密度超过允许范围时，由于发热过高，摩擦系数增大，碳刷磨损加快，同时极易引起火花；高转速运行，在碳刷与换向器之间容易出现空气薄层，导致接触电压急剧增加，摩擦系数急剧降低，致使碳刷不稳定；集电环表面螺旋槽质量差，有凸起或毛刺；组装后集电环径向跳动大，超过设计要求；碳刷压力不均匀，碳刷的磨耗程度不同。

3. 定、转子绕组绝缘电阻测量

应分别在发电机实际冷状态和热状态下测量发电机的绝缘电阻。测量绕组绝缘电阻的同时应测量绕组温度，冷状态下测量时可取周围介质温度作为绕组温度。

测量前应断开箱式变压器低压侧断路器，验明断路器下口无电压后，在低压侧母排挂接地线，待变流器电容充分放电后进行测量。打开发电机定子及转子接线盒，拆下发电机定、转子电缆，使用绝缘电阻表测量发电机定、转子绕组的绝缘电阻，发电机定、转子对地和相间绝缘，发电机定、转子绕组绝缘电阻应满足厂商设计要求。

（四）联轴器

如图 3-9 所示，联轴器由齿轮箱侧组件、中间体和发电机侧组件组成，当外表有裂纹或破损现象，如单片膜片破裂应更换整个膜片组，中间体出现裂纹需要更换中间体。检查联轴器缓冲记号是否存在位移现象。如未出现位移，视为联轴器运转正常，无需维护；如出现位移，频繁报速度差或已无法正常传递力矩，显著影响了风力发电机组的正常运行，说明力矩限制器频繁打滑，已到寿命极限，需要更换新的中间体。检查齿轮箱与发电机轴对中情况，同轴度和两侧组件距离不满足厂商要求，需重新调整发电机的安装位置。

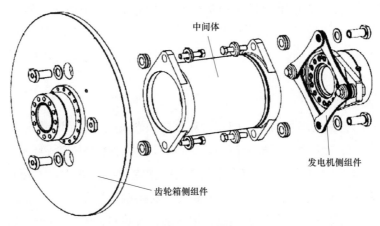

图 3-9　联轴器示意图

第三节　典 型 案 例 分 析

一、齿轮箱点蚀及断齿故障分析

（一）事故概况

某双馈变桨变速恒频 1.5MW 常温型风电机组，投运后第 5 年齿轮箱出现异响，检查发现齿轮箱中间齿轮轴齿面有明显点蚀、剥落现象，如图 3-10 所示。随后对其余风电机组的齿轮箱展开检查，发现多台齿轮箱中间级齿轮面有明显点蚀，齿轮箱内部均存在不同程度的点蚀和磨损。另外，该风电场曾出现齿轮箱轴承损坏故障（见图 3-11），以及齿轮箱中间齿轮轴断齿的现象（见图 3-12）。

图 3-10　风电机组齿轮箱中间齿轮轴齿面的点蚀、剥落状况

图 3-11　齿轮箱轴承的损坏情况

图 3-12　齿轮箱齿轮断齿状况

（二）齿轮箱损坏关键因素分析

1. 齿轮油温超出正常值致使齿轮润滑不充分

风电机组设计最低运行环境温度为 $-10℃$，运行时齿轮油温一般应为 $10℃$ 以上。若齿轮油温低于 $0℃$，机组应先停机加热，然后启机，在无人为干预情况下，当齿轮油温加热至 $15℃$ 以上时，机组则可自动启机。

当齿轮油温较低时，齿轮油黏性变大，尤其是采取飞溅润滑部位因得不到充分润滑进而导致齿轮箱的齿轮或轴承短时缺乏润滑而损坏。如果机舱温度也很低，则管路中润滑油流动困难，引起流动不畅、流量不足等问题，齿轮箱油不能通过管路到达加热器，齿轮油只是局部加热，没有充足的供油，齿轮箱局部润滑不良会引起齿面、轴承损坏。

当齿轮油温过高时，同样也不利于齿轮箱润滑。在夏季，该风电机组机舱温度达

40℃以上，由于齿轮箱油温高，润滑油黏度降低，当低于正常要求值时，部件的润滑表面油膜建立异常，导致运动部件接触表面产生接触摩擦，进而形成疲劳损伤。

2. 风电场风速剧烈变化致使机组交变载荷增大

风电场所处区域风速变化大、风向不稳、高风速情况下，湍流强度很高，同时，短期内风向变化较大。主轴承及齿轮箱在受到较大交变载荷应力时，存在机械部分损坏风险。风电机组长期运行于复杂多变的载荷中，瞬间冲击载荷超过齿面承受能力则会在齿面上产生细小的损伤，并随着时间推移和面积扩大而形成较大的点蚀，机组在点蚀的情况下长期运行会进一步导致局部断齿问题，同时，点蚀脱落的金属杂质会引起润滑油污染，加剧齿轮箱的齿面磨损，甚至损坏齿轮箱内部轴承。

3. 主轴刹车器对齿轮箱造成损伤

主轴刹车器安装于齿轮箱高速轴端，以便于维护和保护机组安全。当运行机组出现桨叶不能收回等变桨故障时会启用主轴刹车器制动停机；一般情况下的机组故障停机多采用收桨刹车，主轴刹车器不参与停机，以避免因主轴刹车器制动对齿轮箱、叶片、塔筒等带来影响。

（1）主轴刹车器频繁制动会造成齿轮箱损坏。风电机组主轴刹车装置采用被动式刹车器，当运行机组在外界突然断电时，正常情况下机组报电网故障，利用轮毂备用电池进行收桨，机组不间断电源（UPS）为控制系统供电，液压站的主轴电磁阀不动作，主轴刹车器处于松开状态，若此时 UPS 不能正常输出，因电磁阀失电，主轴刹车器将会紧急制动。

另外，如果硬件超速参数设置值过低，当运行机组甩负荷后，飞升转速可能达到或超过设定值，机组会报"硬件超速停机"，主轴刹车器紧急刹车，这样会对齿轮箱轴系、联轴器等部件造成很大冲击，对齿轮箱内部的齿轮、轴系和轴承造成损坏。

（2）主轴刹车器长期处于制动状态会造成齿面压痕或点蚀。如果主轴刹车器处于制动状态，叶轮与齿轮箱的低速轴固定在一起，齿轮箱的齿轮不能自由旋转。一方面，由于齿轮箱高速轴端处于固定状态，对机组安全不利；另一方面，因齿轮之间存在一定间隙，叶轮受风力的驱动，齿轮箱低速端来回往复运动，齿与齿之间长期在同一位置咬合和相互作用，从而造成在齿面形成永久性压痕、破坏齿面，甚至引起齿轮箱齿面点蚀。

为保护齿轮箱及机组安全，对于被动式刹车器风电机组，应按技术要求，在机组生产出厂时利用工艺螺帽将主轴刹车器撑开，在风电场吊装投运前，叶轮就可处于完全自由状态，叶轮在风力的作用下可自由旋转，使齿轮箱润滑充足。在机组调试运行后，去掉工艺螺帽，利用液压站给压，使主轴刹车器处于释放状态。但在运行后，外界断电时，主轴刹车器会处于制动状态，因此，对于外界较长时间断电的投运机组，应利用工艺螺帽释放主轴刹车器，使叶轮处于自由旋转状态。或短期不能进行故障处理，而主轴刹车器制动状态时，应及时复位安全链，使主轴刹车器处于松开状态，从而避免引起齿轮箱不必要的损伤。

该风电场曾遭遇冰冻灾害，35kV 集电线路倒塔，造成整个风电场停电，约 2 个月后风电场恢复送电。在这期间，主轴刹车器由于外界完全断电而处于制动状态，当时正值大风季节，风速较高，叶轮受风力作用大，齿与齿之间相互挤压的交变应力较大且时间较长；另外，在冬季大风季节，该风电场场区的电缆头故障较多，造成整条线路瞬间失电或整个风电场失电，对于 UPS 不能正常输出的机组就会造成齿轮箱高速端的主轴刹车器瞬间制动，当时运行机组的负荷较高，甚至满负荷发电，由于主轴刹车器紧急制动，齿轮箱内部齿轮啮合处瞬间载荷很大，甚至超出齿轮箱的设计载荷，造成齿轮箱点蚀、断齿故障。

在大风时节，该风电场出现极端阵风和风电机组故障时报"硬件超速停机"，也是造成主轴刹车器频繁制动的另一个原因。硬件超速参数值设置偏低，机组运行没有足够的速度空间，当机组运行负荷较高时，如遇极端阵风或机组故障，由于瞬间甩负荷，即使机组收桨正常，其转速也会升至硬件超速值，导致机组报硬件超速停机，主轴刹车器紧急制动。据现场统计，该风电场在大风期间的运行过程中发生硬件超速而导致主轴刹车器动作的情况较多，再结合主轴刹车片磨损状况，说明主轴刹车动作较为频繁。

（三）监督建议

齿轮箱作为风电机组传动系统中将风速转化为发电机所需转速的关键部件，随着运行时间增长，损坏频次也逐年增大，需通过风电场运行实践，对齿轮箱损坏状况及运行、维护情况进行客观分析。风电机组齿轮箱并网运行中的应用和维护需做到实时监控、定期检查、及时更换及专业评估。重点加强对风电机组零部件的定期维护乃至定期更换，以提高齿轮箱的可利用率及可靠性。应加强针对齿轮箱点蚀及断齿问题的检查力度，定期通过齿轮箱观察窗检查齿轮啮合及齿表面情况、齿轮的轮齿及齿面磨损损坏情况，及时发现问题并及早解决。分析对频发的齿轮箱点蚀、断齿等故障，并总结经验，做好防范措施降低齿轮箱故障发生率，延长齿轮箱的使用寿命。

二、风电机组齿轮箱全功率试验高速轴故障分析

（一）事故概况

某风电机组齿轮箱在总装后进行全功率测试，其中一台在试验初期系统尚未加载便发生高速轴轴承高温异常并伴有异响。拆解检查后发现高速轴上风向轴承已严重受损（见图 3-13），其他未见异常。

图 3-13　轴承受损外观

（二）故障原因分析

根据风电机组齿轮箱结构、受损轴承安装位置及运转受力情况可知,在正常工况下,该高速轴在斜齿的啮合下旋转,将受到轴向力,此时,下风向圆锥轴承受到的轴向推力与该轴的轴向力平衡,为主要承载轴承,上风向圆锥轴承为非主要承载轴承。该故障的受损部件为非主要承载轴承,首先对齿轮箱的全功率试验过程进行全面调查。

齿轮箱在试验过程中曾因设备故障而调整电机启动顺序,其他过程无异常。调整电机的启动顺序对于采用背对背电封闭的试验台来说,因系统两侧的电机及配置基本对称,理论上可行,且在实际试验中有大量应用。风电齿轮箱的加载试验台大多为此种配型,其在试验中可随意进行启动顺序调整。

全功率试验台结构如图3-14所示,与标准背对背电封闭试验台存在差异。在电机二和齿轮箱二之间设置拖动电机,为试验台提供初始转速,在转速达到1400r/min后电机二并网,继续提升系统转速,此时,拖动电机断电随系统一起空转。根据试验具体要求决定是否并网动作,最终完成空载或加载试验。拖动电机的存在打破了背对背加载试验台的对称关系。

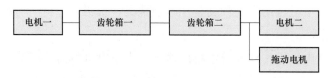

图3-14　全功率试验台结构简图

分析该齿轮箱的试验过程可知:

（1）正常电机启动顺序下。试验过程中,初始为拖动电机拖动齿轮箱二,再由齿轮箱二拖动齿轮箱一进行旋转,然后电机二并网,转为电机二拖动齿轮箱二,依然是齿轮箱二拖动齿轮箱一起旋转。整个过程中齿轮箱受力方向一致,不存在异常受力情况。

（2）调整电机启动顺序后。试验过程中,初始为拖动电机带动齿轮箱二,再由齿轮箱二拖动齿轮箱一进行旋转,然后电机一并网,开始由电机一拖动齿轮箱一旋转,并由齿轮箱一拖动齿轮箱二一起旋转,该过程中齿轮箱受力突然反向,发生异常受力情况。

由于电机一并网导致齿轮箱受力突然反向,此时,高速轴最早受到冲击。齿轮箱内部的齿轮必然发生受力接触齿面的变更,即由一侧齿面接触变更为另一侧齿面接触。因该齿轮箱的齿轮均为斜齿,导致齿轮轴的轴向力发生反向。当高速轴的轴向力发生反向时,该齿轮轴上的轴承受力情况也随之发生突变,即上风向轴承突然由非主要承载状态变为承载状态,而此时系统及轴承都在高速旋转（1400r/min）,且运行时间不久,尚未达到温度平衡状态,因此,该高速轴的这对轴承游隙存在一定的轴向间隙。对上风向轴承而言,在受力发生变更前,其滚子、保持架处于空转状态（非主要承载状态）,轴承的滚子与内外圈滚道没有完全接触;在受力状态突然发生反向时,其滚子、保持架将在高转速情况下突然与轴承的内外圈完全接触并受载，变为承载状态，同时，由于轴承存在正游隙，必将发生轴向的窜动，滚子、保持架存在无法复位或复位不良的可能，并且可能产生滚道或滚子损伤，进而引起轴承旋转不稳及异常摩擦，引起轴承迅速发热，最终导致轴承温度过高，使滚子、保持架相互咬合而引发故障。

通过故障分析可知，导致该高速轴故障的原因是试验过程中的电机启动顺序变更导致高速轴受力方向发生突然反向，该过程引发轴承受损并导致故障发生。

（三）监督建议

齿轮箱作为传动部件，与其内部的轴承、齿轮等重要传动零件，对使用工况、操作步骤及所处的状态要求较高。齿轮箱受力的突然反向对齿轮尤其是轴承的损伤极大，该损伤发生在齿轮箱内部，不易察觉，容易被忽视，一旦被发觉时往往已造成较大损失，导致严重后果。因此，应避免风电齿轮箱的整个试验过程及使用过程出现类似的操作或隐患，提出以下预防措施建议：

（1）试验过程的电机启动顺序变更。

方法一，禁止电机的启动顺序变更。该方法简单直接，成本较低，但也存在不足，即具有一定的安全隐患（如误操作），且限制了试验台的灵活性，无法随意调整陪试齿轮箱。建议通过完善硬件或软件的方式设置防误操作功能，避免该类问题的发生。

方法二，改变系统结构，取消拖动电机，直接由电机二进行连接，此时，无论用电机一还是电机二拖动，另一台电机只需加载即可，不会出现齿轮箱受力反向的情况。该方法比较彻底，效果最好。

（2）调试或应用以及运转过程中制动盘制动。由于系统传动链较长，受系统刚度及齿轮侧隙等影响，在高速轴被抱死停止转动之后的一段时间内会出现叶轮及齿轮箱内的整个传动链发生剧烈的正反向冲击，并伴随多次齿轮、轴承正反向受力变化，损伤严重。

在运转过程中，尤其是在高速状态下，禁止直接进行制动盘制动。该方式比较直接，但灵活性较差。通过软硬件方式设定制动策略，禁止将齿轮箱一次性制动至静止状态，而是在齿轮箱转速降至很低时，在高速轴静止前再将制动盘释放，由齿轮箱自由停机，避免齿轮箱受力突然反向。该方式实现过程较繁琐，成本较高，但效果最好，可完全规避紧急制动对齿轮箱造成的伤害，取消风电齿轮箱对紧急制动次数的限制。

（3）风轮锁销未完全锁紧状态下的停机。由于风轮锁销未完全锁紧，在风力作用下，风轮仍可在小范围内进行轻微转动，与风轮锁销发生撞击、回弹。由于风电齿轮箱的传动比较大，风轮的轻微转动将导致后部轮系的大角度转动，风轮的撞击、回弹导致轮系的频繁正反向旋转会导致轴承频繁受力突然反向，对轴承造成较大损伤。如果需要锁上风轮锁销，应将其完全锁紧，防止风轮出现轻微转动。

（4）为避免发生齿轮箱故障，风电场应加强对齿轮箱部件运行状态的监督，并严格按照操作规程进行操作，同时，对潜在问题和各类故障开展技术分析，找到引起故障的根源，进行针对性的改进及预防，消除潜在隐患，提高系统整体的应用安全性及可靠性。

三、风电齿轮箱行星轮轴承跑圈失效分析

（一）事故概况

某风电场风电机组齿轮箱失效，拆解后发现主要失效部位为一级行星传动机构，其一级行星轮轴承结构如图 3-15 所示。其中，1 号行星轮轴承外圈相对行星轮发生轴向移动，上风向轴承外圈轴向移动约 85mm，下风向轴承外圈轴向移动约 20mm，一级行星架被行星轮轴承外圈磨出一个环槽，割开后检测槽宽 14mm，深约 75mm，如图 3-16 所示。2 号行星轮上风向轴承外圈轴向移动约 15mm，下风向轴承外圈轴向移动约 5mm，如图 3-17 所示。

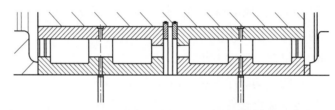

图 3-15　一级行星轮轴承结构

图 3-16　1 号行星轮轴承外圈位移情况

图 3-17　2 号行星轮轴承外圈位移情况

（二）失效分析

行星轮轴承外圈发生位移，从拆出的轴承外圈及挡边可以看出外圈的滚珠挡边与圆柱段发生断裂，使轴承外圈无法定位，如图 3-18 所示，裂纹源在挡边的圆角处，断口有明显的疲劳扩展区。图 3-19 所示是行星轮轴承外圈内外壁的磨损情况，内壁

有明显的滚珠轴向窜动痕迹，外壁有明显的轴向滑动痕迹，说明外圈呈螺旋状轴向位移。

图 3-18 行星轮轴承外圈挡边断裂情况

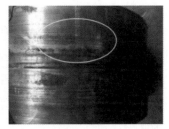

图 3-19 行星轮轴承外圈内外壁磨损情况

从结构方面对行星轮轴承失效进行分析，原因有以下三点：

（1）行星轮轴承外圈挡边的疲劳强度不足以承受多冲疲劳的作用，原因一是挡边受力最大的区域（圆角处）偏薄，经测量为 13mm 左右；二是外圈挡边与圆柱体之间的过渡圆角太小，容易造成应力集中，如图 3-20 所示。

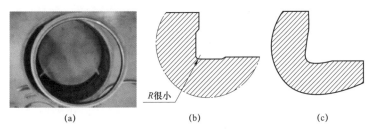

图 3-20 行星轮轴承外圈的挡边结构
（a）外圈挡边的圆角结构；（b）失效轴承圆角结构；（c）其他轴承圆角结构

（2）在两个轴承内圈之间无隔套。行星轮销轴安装过程可能造成右侧（下风向）轴承内圈向左侧移动，导致轴承轴向游隙无法保证，从而造成无轴向游隙工作，使轴承承受附加轴向力；工作状态时受热可能使轴承受力更恶劣，如图 3-21 所示。

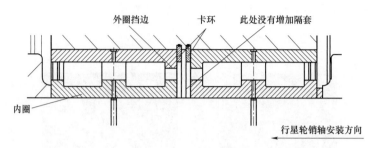

图 3-21　行星轮轴承无隔套结构

（3）根据行星轮轴承润滑油孔尺寸及数量，初步计算润滑油量达到 30L/min，通过实际流量试验测得润滑油量值与计算值相近。理论计算轴承润滑及冷却需要的润滑油流量仅需要 15L/min，因此过量的润滑油使轴承外圈冷却速度过快，使得轴承外圈与行星轮之间温度差较大，轴承外圈与内孔之间的过盈量减小，进一步加剧轴承外圈打滑。

通过以上分析，可以得出以下失效原因：

1）轴承设计不合理。挡边受力区域太薄，挡边与圆柱体过渡圆角太小，容易造成圆角处应力集中，导致挡边断裂而发生跑圈现象。

2）行星轮轴承处结构设计不合理。轴承内圈之间无隔套，无法确保轴承轴向游隙，使轴承承受附加轴向力。

3）润滑油量过大。导致外圈冷却速度过快，使外圈与行星轮的温度差变大，减小了轴承外圈与内孔之间的过盈量。

4）齿轮箱一级行星传动机构的行星轮、太阳轮、内齿圈均采用斜齿轮啮合传动，这种传动方式会给各个齿轮形成轴向力，作用在行星轮上的轴向力虽然在太阳轮、内齿圈的相互作用下可以抵消大部分，但由于齿轮加工、装配的偏差，该轴向力会产生一定偏载，使得行星轮会有一定范围的前后窜动，而偏载和窜动过大会造成轴承滚珠对外圈挡边的周期性多次冲击，当超出轴承外圈挡边的疲劳强度后就会形成疲劳断裂，断裂后轴承外圈在轴向力作用下就会形成螺旋式位移。

（三）监督建议

应加强全过程的技术监督管理，在齿轮箱轴承的设计阶段，将轴承挡边受力区域增大，并增大挡边与圆柱体过渡圆角，以减小应力集中；在行星轮轴承内圈之间增加隔套以保证轴承轴向游隙；合理设计行星轮轴承润滑油流量以满足润滑及冷却；对于齿轮箱一级行星传动机构的齿轮加工、装配的偏差导致偏载问题不可避免，行业内有两种解决办法。一种是采用无外圈轴承，即行星轮和轴承外圈集成于一体，避免外圈跑圈的可能性，同时行星轮有更多的内部设计空间，可设计更大的滚子提高承载能力；另一种是采用柔性销轴结构，允许行星轮组件在运行中产生柔性的偏移，保证齿面有更高的啮合率，使各行星轮之间的载荷分布更均匀，有效降低行星轮偏载。

四、发电机组齿轮箱润滑系统故障

（一）事故概况

某风电场安装 50 台 2.0MW 双馈风电机组，其中 9 台齿轮箱出现故障下架维修，1 台齿轮箱故障停机待修，4 台齿轮箱有缺陷隐患。在检查分析过程中发现 50 台机组齿轮箱油压均不同，油压为 0.15～0.8MPa（厂家说明：齿轮箱正常油压为 0.04～0.8MPa），其中 27 台齿轮箱油压为 0.15～0.3MPa，23 台齿轮箱油压为 0.3～0.8MPa。而 14 台故障损坏或有缺陷的齿轮箱中，有 10 台齿轮箱油压为 0.15～0.3MPa。

针对 50 台机组齿轮箱油压均不同的情况进行分析发现，27 台齿轮箱油压在 0.15～0.3MPa 左右的轴承平均温度比另外 23 台高 8℃左右，夏季轴承平均温度甚至高 15℃左右，这 27 台齿轮箱轴承温度常达到报警值。长期处于油压低、轴承温度高的齿轮箱会加快磨损，缩短使用寿命。

通过逐一排查风电机组齿轮箱润滑油系统的每个设备和油路，发现油压低的齿轮箱进口分配器底部多开了一个油口，将其封堵后，27 台齿轮箱油压全部上升至 0.3～0.8MPa，齿轮箱前轴承温度平均下降 7.92℃，后轴承温度平均下降 5.69℃。

（二）事故分析

齿轮箱润滑系统由润滑油泵、温控阀、过压旁通阀、过滤器及换热器等组成。当冷启动时或过滤器滤芯压差高于 0.4MPa 时，滤芯单向阀打开，润滑油经过 50μm 粗过滤；当温度逐渐升高，滤芯压差低于 0.4MPa 时，润滑油经过 10μm 和 50μm 两级过滤。当油温低于 45℃时，润滑油直接经温控阀进入齿轮箱；当油温高于 45℃时，温控阀关闭，润滑油经冷却器冷却后再进入齿轮箱。装置上有安全保护旁通阀以保证出口压力稳定，当压力超过 1MPa 时，开启安全保护旁通阀，以防止压力过高对系统元件造成损坏。

1. 润滑油压力低原因分析

（1）电机转速较低，其功率达不到额定功率。

（2）电机与油泵的联轴器损坏。

（3）油泵叶轮磨损，泵轮间隙过大。

（4）油泵进口与出口被杂物堵住。

（5）油泵的进油管被杂物堵住。

（6）过滤器的滤芯被堵住。

（7）温控阀故障。当油温高于 45℃时，部分油从旁路油管进入齿轮箱造成分压，降低进口压力。

（8）泄压阀故障。泄压阀泄漏导致油从泄压管路直接进入齿轮箱。

2. 排查处理过程

（1）排查油泵电机（结果正常）。45 号机组更换了油泵电机，在更换前启动油泵高速，观察齿轮箱进出口压力，并测量了油泵高速状态下的电机三相电流。更换前后压力与电流对比见表 3-1。

表 3-1 更换电机前后数据对比

电机状态	出口压力	进口压力	三相电流
更换电机前	0.376MPa	0.237MPa	5.8A
更换电机后	0.385MPa	0.22MPa	5.8A

（2）排查油泵联轴器（结果正常）。45 号机组更换电机时发现电机与联轴器缓冲器有磨损情况，更换联轴器与缓冲器，齿轮箱进口与出口压力基本无变化。旁路全关与旁路全开时进口压力对比见表 3-2。

表 3-2 旁路全关与旁路全开时进口压力对比

旁路状态	出口压力	进口压力
旁路全关	0.532MPa	0.172MPa
旁路全开	0.504MPa	0.163MPa

（3）排查温控阀（结果正常）。将 45 号机组的温控阀的阀芯取下并在旁路安装一个节流阀，目的是排除温控阀对齿轮箱进口压力的影响。

（4）排查泄压阀（结果正常）。将 45 号机组的温控阀的阀芯取下并在该管路安装一个节流阀，将泄压管连接到油泵的一端取下并用堵头堵住，目的是排除泄压阀泄漏，防止在正常压力下有油通过泄压管道直接流入齿轮箱。加堵头前后进口压力对比见表 3-3。

表 3-3 加堵头前后进口压力对比

泄压管状态	出口压力	进口压力
未加堵头	0.545MPa	0.2MPa
加堵头	0.631MPa	0.219MPa

（5）排查滤芯结果（正常）。将 45 号机组的温控阀的阀芯取下，并在该管路安装一个节流阀，将泄压管连接到油泵的一端取下并用堵头堵住，更换齿轮箱油泵过滤器的滤芯，目的是排除由于齿轮箱滤芯被堵住而影响齿轮箱油的进口压力。更换齿轮箱进出口压力与（4）加堵头后的压力值相差无几。

（6）排查油泵结果（正常）。将 45 号机组的旁路节流阀、泄压管的堵头更换到 9 号机组并更换新的油泵，目的是排除油泵磨损影响泵的出口压力，检查过程中泵的进出口管道畅通。更换前后进口压力对比见表 3-4。

表 3-4 更换前后进口压力对比

泵的状态	温控状态	泄压管堵头状态	节流阀状态	出口压力	进口压力
未更换	未更换	装堵头	全开	0.475MPa	0.188MPa
已更换	未更换	装堵头	全开	0.479MPa	0.194MPa

（7）进一步排查油泵结果（正常）。将 2 号机组油压正常情况下的油泵与 9 号机组油压低的油泵进行互换，目的是彻底排除油泵的因素。不同机组对比见表 3-5。

表 3-5 不同机组对比

机组	交换前出口压力	交换前进口压力	交换后出口压力	交换后进口压力
2 号	0.784MPa	0.512MPa	0.807MPa	0.526MPa
9 号	0.501MPa	0.21MPa	0.50MPa	0.2MPa

（8）排查齿轮箱主油管路结果（正常）。更换油泵的进口油管，目的是排除进油管有异物堵住造成油泵进油量减少，进而影响齿轮箱进口压力的情况。更换油管后与更换油管前的进出口压力没有差别。

经排查，9、45 号机组齿轮箱进口压力低于 0.15MPa，与电机、油泵、滤芯、旁路油管、主油管、泄压油管、温控阀无直接关系。多次排查仍未发现问题，通过调研并与齿轮箱厂家沟通了解，风电场 50 台齿轮箱进油口分配器不是由同一厂家提供，部分齿轮箱进油口分配器底部增开了油孔。在该基础上挑选一台压力正常的 36 号机组和一台压力偏低的 38 号机组，分别检查齿轮箱进油口分配器开孔情况，如图 3-22 和图 3-23 所示，发现压力低的 38 号机组齿轮箱进油口分配器底部增开了油口，36 号机组没有开油口，将 38 号机组齿轮箱进油口分配器底部油口封堵后压力恢复正常。

图 3-22 38 号齿轮箱现场图   图 3-23 36 号齿轮箱现场图

（三）监督建议

针对以上风电场齿轮箱出现的问题，提出解决方案：拆下齿轮箱进油口分配器上的各路油管和齿轮箱进油口分配器，对齿轮箱进油口分配器底部泄油孔攻丝，将毛刺和铁屑清理干净，在泄油孔上安装丝堵，螺栓涂厌氧胶后拧紧，并将滑油分配器装回到原位，拧紧连接螺栓，重新回装油管。

通过数据对比，在风速和环境温度相同的情况下，油压大幅上升，轴承温度降低。对比情况如下：27台齿轮箱技术改造后，齿轮箱油泵出口压力平均上升0.298MPa，进口压力平均上升0.298MPa，前轴承温度平均下降7.92℃，后轴承温度平均下降5.69℃。齿轮箱进口压力上升明显，齿轮箱各轴承得到充分润滑，轴承温度大幅下降，有助于延长齿轮箱使用寿命。

为避免齿轮箱出现油压低问题，应加强对齿轮箱的日常监督，检查齿轮箱箱体无泄漏，油压、油位和油温是否在规定范围内，同时注意电机转速及功率是否正常，以及油泵进口、出口和过滤器的滤芯是否存在杂物被堵住，并提防温控阀及泄压阀故障，避免油温过高导致部分油从旁路油管进入齿轮箱，引起分压使进口压力降低，以及泄压阀泄漏导致油从泄压管路直接进入齿轮箱进而造成油压偏低等问题。

五、风电机组主轴断裂事故分析

（一）事故概况

某风电场一期装机容量300MW，由200台单机容量为1.5MW的某型号风电机组组成。风电场投运后的6~9年期间，有4台风电机组主轴出现断裂事故。风电机组主轴的热处理方式为调质处理，装配在齿轮箱内部，其位置示意如图3-24所示。

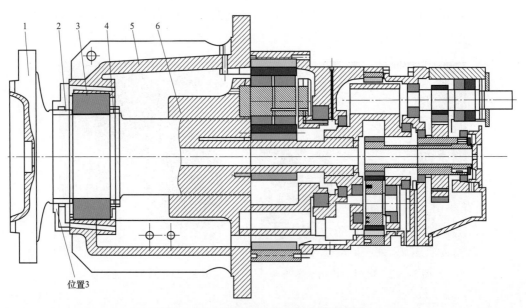

图3-24　风电机组中主轴的位置示意图

1—主轴；2—主轴承前定位套圈；3—主轴承；4—主轴承后定位套圈；5—齿轮箱壳体；6—行星架

（二）主轴断裂事故原因分析

（1）进行主轴在制造阶段的检测。

1）根据 GB/T 34524—2017《风力发电机组　主轴》中对主轴的无损检测要求，主轴在材料锻造、热处理后，按照 GB/T 6402—2008《钢锻件超声检测方法》的规定进行超声探伤筛查。

2）主轴在粗加工、热处理后，按照 GB/T 6402—2008《钢锻件超声检测方法》的规定对主轴进行 100%超声探伤检测，距主轴表面小于或等于 50mm 的按质量等级 4 级进行验收；距主轴表面大于 50mm 的按质量等级 3 级进行验收。为保证主轴所有位置都被检测到，必要时应使用斜探头进行检测。

3）在主轴精加工完毕后，需根据 JB/T 5000.15—2007《重型机械通用技术条件　第15 部分：锻钢件无损探伤》的规定对主轴进行 100%磁粉探伤检测，并按照质量等级 1级进行验收。

通过上述检测流程可以看出，主轴在制造阶段已进行了全方位的检测。

（2）进行在役风电机组主轴的超声检测。风电机组中主轴安装位置导致其变截面部位与齿轮箱之间空间狭小，因此无法在法兰与主轴轴肩之间开展超声检测。此外，由于主轴轴肩远离法兰侧过渡区域位于齿轮箱内部，并且装配有主轴承前定位套圈，因此，从轮毂内的主轴法兰侧端面开展超声检测工作。

为探究主轴在风电机组运行期间是否存在从表面起裂的裂纹，选择检测过结构的主轴进行裂纹的超声检测。由于 4 台发生主轴断裂的风电机组的主轴断裂位置较为类似，因此在实物主轴表面分别选取与裂纹出现位置相同、靠近裂纹出现位置及稍远离裂纹位置这 3 个位置进行检测。经检测，主轴的断裂位置均位于紧挨轴肩的圆弧过渡区域，断口从主轴外表面向内部为多源疲劳断裂。

（三）监督建议

为避免风电机组主轴发生断裂等事故，风电场应在日常运维工作中加强对主轴的监督，检查主轴转动时有无异常振动和响声，主轴及其部件有无裂纹、磨损、腐蚀现象，主轴轴承温度是否正常，润滑是否良好。并通过超声检测等先进技术，对主轴进行检测，开展相关分析和研究，对指导风电场现场排查主轴缺陷具有重要意义。此外，还应从设计、运行、维护等方面开展失效分析方面的工作，找出主轴故障原因，确保主轴安全运行。

六、直驱永磁风电机组发电机故障分析

（一）故障概况

某风电场两年内出现 3 台风电机组由于直驱永磁发电机绝缘异常问题导致更换发电机的情况，且故障现象和处理过程相同。机组故障时均报"发电机断路器故障"，如

图 3-25 所示，该故障表示机组并网时刻发电机断路器跳闸。根据故障时刻数据查看网侧、机侧电压是否跳变，检查发电机轴承是否异响、外观是否异常、发电机断路器二次接线情况及霍尔传感器接线、Gpuls 模块接线，测量发电机绕组对地绝缘以及绕组相间绝缘是否合格。

故障号	故障名称（英文）				故障名称（中文）			故障使能	不激活字	设置不激活字
	error_comverter generator_contact or				发电机断路器故障			TRUE	1	0
439	故障最小值	故障最大值	故障时间	允许自复位	复位最小值	复位最大值	复位时间	停机等级	启机等级	启机等级	偏航等级
	1	1	40ms	TRUE	0	0	25ms	7	0	1	0
	读取等级	修改等级	故障触发条件							
	预留	预留	有变流器准备好反馈，持续 40ms 无发电机接触器反馈							

图 3-25 故障解释

根据发电机绝缘检测，3 台机组检测结果分别为：

（1）A08 发电机左侧开关柜内三相绕组对地绝缘电阻为 0Ω。

（2）A15 发电机左侧开关柜内三相绕组对地绝缘电阻为 0Ω。

（3）A17 发电机右侧开关柜内三相绕组对地绝缘电阻为 0Ω。

由此可见，发电机绝缘检测结果均不合格，不具备运行条件，将发电机吊装返厂进行拆解后分析故障原因并制定发电机维修方案。

（二）故障原因分析

3 台机组在不同时期返厂进行拆解维修，对定子、转子以及轴承进行检查，故障原因均为共性问题，以 A08 机组发电机拆解情况为例进行分析：定子主轴轴承安装面发黑，发电机 NJ 轴承内圈滚子有压痕，外圈未见异常，发电机转子拆除后，转子内表面 3240 板破损，磁钢有一处脱落现象，发电机定子有一处明显击穿点。

该风电场已运行近 8 年，轴承等零部件之间的间隙不断增大，永磁电机外转子含有易氧化、易腐蚀的稀土元素，采用灌封胶和灌封工艺，发电机在长期频繁启停及高冷、高温的恶劣运行工况循环下，加上灌封胶及灌装工艺缺陷等因素，导致永磁体灌封胶胀裂破损，造成永磁体被氧化腐蚀后永磁钢片的不可逆退磁，受磁钢本身电磁应力的影响，磁钢表面 3240 板防护失效，使得磁钢片脱落后存在于发电机转子与定子间约 100mm 气隙中，导致定子绕组受挤压破损严重，绝缘层不断破坏，发电机 NJ 轴承内圈滚子压痕、定子主轴轴承安装面发黑，最终致使发电机定子绕组绝缘击穿，发电机断路器保护启动跳闸。风电机组内部结构如图 3-26 和图 3-27 所示。

（三）监督建议

由于发电机大部件更换周期长且维修费用高，对风电场的经济效益造成很大影响，因此建议风电场定期开展发电机专项排查工作，对发电机绝缘较低机组进行统计，并作

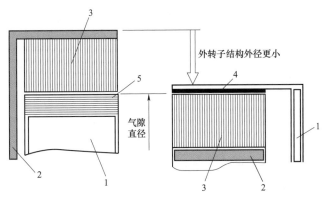

图 3-26　发电机外转子结构与内转子结构对比
1—转子；2—定子；3—绕组；4—永磁铁；5—外部励磁

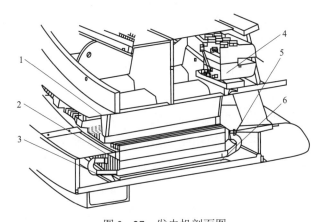

图 3-27　发电机剖面图
1—定子支架；2—铁芯；3—转子支架；4—闸体；5—绕组线；6—磁极

为重点观察对象，定期复查。叶轮锁定过程要严格按照指导书执行，防止锁定销刮擦转动轮，导致掉落铁屑破坏绕组绝缘层，同时逐台进行发电机轴承转动异响、发电机轴承间隙检查，检查发电机外观、发电机通风道及定子磁钢片是否有溢出碳粉等情况。此外，在日常维护和定检中应仔细检查发电机绕组绝缘与直流电阻是否正常，确保机组安全可靠运行。

七、双馈风电机组发电机轴承故障分析

（一）故障概况

某风电场安装 33 台 1.5MW 双馈异步低温型风电机组，发电机采用四极双馈异步发电机，额定功率为 1560kW，转速范围为 1000～1800r/min，额定电压为 690V，保护等级为 IP54。机组运行两年后，风电场 SCADA 监控系统报 23 号风电机组故障停机，机组无法复位启动，监控系统显示发电机报轴承 1 温度高。

现场检查发现，发电机传动端轴承温升过高，就地手动复位启机后发电机传动端轴

承存在明显异响，拆除传动端轴承进行检查，更换故障电机传动端圆柱滚子轴承、深沟球轴承、轴承内端盖及甩油环后恢复机组运行。一周后，该机组再次报"发电机轴承1温度高"，且运行中伴有明显异响，进行发电机整体更换处理。

（二）故障原因分析

1. 故障电机检查情况

发电机检修情况如下：

（1）润滑系统（含电源、润滑油泵、润滑管路）正常。

（2）拆卸发电机传动端轴承外端盖发现排出废油脂为黑色。

（3）传动端轴承上油脂发黑，轴承内端盖被高温灼伤变色；圆柱滚子轴承内圈与发电机转子主轴抱死而无法正常拆卸，油脂注入口因高温原因油脂缺少。

（4）拆除传动端圆柱滚子轴承内圈发现主轴轻微磨损，轴承保持架部分断裂，滚动体磨损，油脂硬化。

（5）传动端轴承内盖与主轴抱死，强行拆除此轴承内盖。

2. 轴承故障分析

（1）第二次故障原因分析。根据故障电机拆解现场情况分析，发电机传动端轴承与电机主轴抱死，传动端主轴轴承挡已出现轻微磨损。为不影响机组正常发电，风电场及时更换了故障电机的传动端滚子轴承、深沟球轴承及轴承内端盖。

该电机运行几天后，因轴承内圈与主轴过盈量偏小而出现相对位移，主轴轴承挡进一步磨损，传动端轴承温度高报警，振动加剧，造成传动端轴承再次抱死，无法正常运转，机组停机。因此，需将发电机从机舱拆除，整体更换。初步分析，第二次轴承温升高且伴有异响是由第一次更换轴承时主轴轻微磨损引起的。

（2）第一次故障原因分析。发电机轴承采用德国原装进口轴承，故障发生后先后两次将损坏轴承送检，检验结果均满足标准件要求，排除轴承质量因素引起故障。经研究分析认为，23 号机组发电机传动端轴承损坏由轴承损坏失效的初期阶段和轴承烧伤卡死致电机主轴受损的后期阶段组成。

轴承损坏失效的初期阶段分析如下：

1）油脂及润滑。油脂混入金属粉末、氧化物和其他硬质颗粒等杂质会引起轴承磨损。

2）运行环境影响。风电机组运行过程中，发电机频繁启动，温度变化幅度大（特别在冬季），工况复杂，偏载过大或长期偏载运行等因素导致轴承使用寿命缩短；齿轮箱高速轴与发电机轴对中偏差过大、发电机前后端轴承同心度差、机组振动过大等诱发轴承故障。

3）运输或装配时冲击。风电机组机舱在长途运输或装卸吊装中产生冲击使发电机轴承出现微损坏或塑形压痕，在运行中加剧损坏，使得轴承产生烧伤、卡死甚至严重损坏变形。

轴承烧伤卡死致发电机主轴损坏阶段分析：

1）发电机轴承出现故障或失效后，发电机高速运转时，各零部件间相互磨损，温度升高，金属表面层组织改变。如发电机继续运行则温度进一步升高，轴承损坏并卡死。

2）发电机轴承损坏而无法灵活运转，致使主轴与轴承内圈相互磨损，产生相对位移，主轴表面被磨损剥落，轴承温度急剧升高，振动加剧。

3）此阶段轴承温度很高，导致监控系统报警，振动加剧，伴随轴承异响。

（三）监督建议

通过对该风电场风电机组发电机轴承故障进行分析，提出建议如下：

（1）由风电机组厂家联合发电机制造厂定期对风电场发电机巡检，排除轴承异响、温度非正常升高等故障，及时准确处理潜在故障发电机。

（2）风电场运维人员加强对运行中的发电机运行状态监测，做到早发现早解决，以免发电机轴承损坏甚至造成发电机整体更换的严重后果。

（3）在机舱运输过程中对发电机轴承采取保护措施，并在装配时严格控制各部件间的装配质量。

（4）严格执行风电机组轴对中要求，定期进行调整，并检查注油系统使用情况，确保润滑良好，同时对废油排出情况进行检查。此外，在风电机组维护过程中，加强维护用油脂管理，以避免油脂受到污染。

（5）在发电机发生故障时采取正确的检测方式，应用先进的检测技术或者检测设备对其展开系统性检查并作记录，为后期维修提供依据。

八、风电机组发电机故障率高原因分析

（一）故障概况

某风电场共 66 台 1.5MW 双馈风电机组，散热系统采用背包式空空冷却装置，发电机常发生散热系统故障和机械结构故障，且散热系统故障损失电量和故障次数占比较大。散热系统故障主要包括发电机定子绕组温度过高、发电机定转子接头过热、发电机前后轴承温度高。定子绕组温度由安装在定子铁芯的 PT100 测量，定转子接头温度由安装在定子和转子接线箱内部动力电缆上的温度开关测量，轴承温度由安装在轴承端盖处的 PT100 测量。机械结构故障主要包括发电机轴承损坏，转子过桥线、引出线损坏。

（二）故障原因分析及解决方案

（1）发电机绕组温度故障停机阈值存在提升空间。风电场发电机绕组绝缘等级为 H 级，允许最大工作温度为 180℃，温升限度为 130K。发电机定子绕组温度主控设置报警阈值为 130℃，故障停机阈值为 140℃，定子绕组温度设定值仍有 10～20℃的提升空间。

解决方案：调整部分发电机主控参数，将绕组过温报警阈值调整到148℃，故障停机阈值调整到155℃，避免绕组温度超过旧的故障阈值造成停机。

发电机连续满发运行3～4h后绕组温度才能达到热平衡，热平衡后，绕组温度趋于稳定而不再升高。在调整主控参数后经过一年时间的验证，多数发电机绕组温度恢复正常，未超过155℃故障停机阈值。对于少数发电机绕组仍过温的，采取下架返厂维修措施，由厂家拆解并进行温升试验，并根据故障原因开展维修。

（2）发电机绕组温度漂移。PT100传感器测量发电机绕组温度，受外界因素如工作环境和使用时长等影响，PT100在实际使用时可能发生温度跳变、漂移等故障，导致测量结果异常。发电机在停机情况下三相绕组温度和机舱温度接近，温度漂移不明显，发电机运行功率和温度越高，温度漂移越严重。

解决方案：发电机原有绕组测温PT100安装于定子铁芯内部，一旦损坏无法更换。如果只有一相绕组存在温度漂移，采取屏蔽该相绕组PT100测温信号的措施以避免故障停机。如果有两相及以上绕组存在温度漂移问题，需在发电机定子绕组端部额外加装PT100。

（3）发电机定转子电缆温度开关选择不合理。根据发电机定转子电缆绝缘材料性能的要求，电缆最高工作温度为90℃，电缆温度开关阈值设定在85℃较合理。该风电场共有13台风电机组定子电缆温度开关阈值设置为60℃，阈值偏低，易触发报警。风电场将60℃的温度开关全部更换为85℃的温度开关。

（4）发电机散热能力不足，空气冷却器内部管路污染。运行中的发电机散热有热传导、热对流、热辐射三种方式，绕组和铁芯损耗产生的热量通过热传导传递到发电机表面，并通过强制对流方式带走热量，除少部分热量通过热辐射散发到机舱内，多数热量被发电机冷却器带走。该风电场采用空气冷却器对发电机进行散热，冷却器靠轴流风扇带动空气流动，风冷机组通风系统的好坏将直接影响发电机冷却效果，风路是否顺畅对发电机的性能有很大影响。该电机适用于海拔不高于1000m的情况，而现场平均高度为2117m，不满足要求，需提升发电机冷却系统散热能力。发电机服役超过10年，空气冷却器内部散热管路上灰尘和油气较多使得热交换能力下降，影响发电机散热性能。

解决方案：通过增加外风路的风量来提高发电机散热能力。对于散热轴流风扇可采用简易的外风量测试方法，从风扇中心开始，沿着外径方向按照相同的间距选择5～8个测点，求得平均风速再乘以风扇的截面积得到风量。将同品牌同型号的发电机散热风扇风量测量值进行对比，选择风量值较低的发电机进行散热风扇技术改造，更换更大功率、转速的散热风扇，提高发电机散热能力。该次技术改造采用双轴流风扇替代旧的单轴流风扇。对于空气冷却器内部管路污染问题，由于空气冷却器管路塔上清洗较难操作，日后下架可采用高压气枪进行清洗。

（5）发电机排风罩破损、塌陷。发电机冷却系统通过尾部排风罩将热量排出，发电机在高速运转时产生振动和热量，排风罩长时间工作在这样的环境中易破损和脱落，热量通过排风罩破损孔洞排放至机舱内使温度升高，造成发电机过温故障。现场部分发电机排风罩尺寸过长导致排风罩转弯半径过大并产生塌陷，减小了排风罩内部通风面积，影响热空气流动。

解决方案：更换尺寸适宜的排风罩，排风罩转弯半径的最低点应落在空气冷却器热风流动的方向上。

（6）发电机轴承自动润滑系统损坏。发电机轴承采用自动润滑系统，部分发电机轴承自动注油泵损坏，导致润滑泵无法定时定量注入油脂，轴承缺油运行引起温度升高。该发电机自动润滑系统型号较老，信号未接入主控系统。

解决方案：针对自动润滑系统损坏的情况，采用手动注油方式，定期定量给轴承注入油脂，或更换新型号的发电机自动润滑系统，润滑系统需具备损坏报警功能，报警信号（包括综合故障报警信号、堵塞报警信号、低液位报警信号）能接入主控系统。

（7）发电机轴电流造成轴承电腐蚀。定期检查发现发电机轴承存在异响，发电机润滑和对中情况并无异常，将轴承拆下后发现内圈存在等间距的"搓衣板"纹路，判断为发电机轴承失效，原因是轴电流造成电腐蚀。双馈异步发电机采用变频器向发电机转子提供高频切换的电压脉冲，因此在轴、两端轴承和机座的环路中产生高频环流，且轴承转动过程中产生的静电放电及发电机磁场不对称也会使发电机轴带电。当轴电压达到足以击穿轴承润滑油膜时，将瞬间、依次经过轴承内圈、滚动体、外圈与电机定子机座构成回路（过电流）并产生电火花，导致轴承失效。

解决方案：通常很难完全消除轴电流，多采用"疏导"和"阻隔"方法避免其对轴承造成损伤。一方面，在发电机前轴承加装接地碳刷，疏导轴电流直接流向接地系统；另一方面，使用绝缘轴承或绝缘端盖阻挡轴电流经过轴承产生回路。

（8）发电机集碳盒破损。发电机碳刷磨损而形成的碳粉会被排放到集碳盒，并被其中的滤棉吸收。定期检查时发现个别集碳盒轻微变形和破损，少量碳粉溢出，应及时清理并更换集碳盒和滤棉。

（9）发电机过桥线、引出线损坏。部分发电机出现并网失败、转子开路问题，需下塔维修。此类故障是转子过桥线断裂造成转子绕组匝间绝缘损坏或转子引出线断裂，导致转子端部甩开与定子绕组摩擦，造成发电机铁芯变形，致使发电机报废。

解决方案：成熟可靠的技术改造方案是增加过桥线固定点和支撑点，减少根部圆角的应力集中，减小振动；或修改过桥线图纸，增大过桥线折弯圆角，过桥线与铜排连接部位做成弯曲形状，以减少应力集中且利于吸振。针对引出线，改变电缆固定方式，在引出线外部增加一个支架并用螺栓固定，支架可固定引出线以抵抗离心力影响，减少转子电缆离心力引起的应力集中。

（三）监督建议

该风电场通过为期一年的发电机故障专项治理，实施上述解决方案并进行效果验证。验证分为小批量验证及批量验证，根据全年数据统计，发电机故障损失电量同比降低 53%，故障次数同比降低 70%，发电机运行可靠性得到明显提升。

从本例中的风电场可总结出经验，即运行年限较长的风电机组应提高对发电机维护的重视程度，发电机故障是导致风电机组频繁停机的常见故障，高故障率严重影响风电场发电量和经济效益。因此，风电场应在各级定检维护中仔细检查发电机系统的各部件，包括底座螺栓、绕组绝缘、碳刷、集电环、轴承等，确保各部件状态良好、运行平稳，发现问题要及时消除，难以处理的先天故障应通过技术改造彻底解决问题。同时，对发电机进行深度保养，维护或更换运行状态不良的轴承和附件，提高发电机运行可靠性并减少发电量损失。

九、风电机组联轴器断裂故障分析

（一）事故概述

某风电场 2.0MW 风电机组齿轮箱高速轴由于定位销出现问题导致轴承磨损严重并损坏。更换齿轮箱高速轴后进行联轴器安装和传动对中作业，机组启机转速运行至 520r/min 时，SCADA 报警"变桨 400V 过载"及"机组急停激活"等多重故障后停机，上塔检查发现联轴器已断裂。

（二）事故原因分析

现场检查情况如下：

（1）联轴器断裂，中间管掉落，膜片、法兰变形甚至掉落。

（2）高速轴制动钳、制动盘受到撞击损坏，外表面破损、凹坑。

（3）齿轮箱低速轴滑环断裂已损坏。

（4）由风电机组在线监测系统可见，21:00 左右机组有明显启停过程，最大转速 1200r/min 左右，但稳定时间极短，即呈现快速下降过程。

（5）根据机组联轴器测点采集的时域波形图发现，机组有明显冲击特征，冲击周期为高速轴转频，此时高速轴转频为 20Hz 左右，冲击不仅存在高速轴转频，同时存在 2 倍高速轴转频间隔冲击，此为联轴器故障特征之一。

经查看资料和询问，排除机组自身问题导致故障的可能性。还原事故发生前的作业过程：完成该机组齿轮箱高速轴轴承损坏更换作业后，检修人员登塔进行联轴器安装、发电机对中作业，由于疏忽将联轴器四组膜片分两组单独组合在一起安装，完成作业后启动机组发生故障。

根据上述分析，本次事故直接原因为现场作业人员未按照机组零部件安装工艺要求进行操作，导致转动运行的机组联轴器承受的径向扭力超出设计值，造成联轴器变形、断裂，在高速转动下，分裂的碎片对机组其他部件造成了撞击损伤。

（三）监督建议

为避免重大事故再次发生，应建立良好的风电场管理体制，提高现场人员的技术水平、机组维护能力和维修质量。一方面，加强对作业人员的培训，让作业人员充分理解、消化和吸收风电机组相关维护技术。另一方面，建立验收管理制度并严格执行，制定包括年检、季检、消缺及关键过程监督的完整验收程序，明确验收人员权责，强化检修质量目标管理和过程中的质量控制，加强对检修质量的监督和考核。同时，加强运维人员监督检查能力，熟悉风电机组图纸和技术资料、检修规程及检修作业流程，使检修人员扎实掌握相关检修技术，提高实操技能。

第四章

风电机组液压及制动系统技术监督

在风电机组中，液压系统主要用于风电机组的机械制动、变桨距、偏航系统驱动和偏航制动中。此外，液压系统还有发电机冷却、变流器温度控制以及齿轮箱润滑油的冷却作用。液压系统中关键部件的可靠性决定了整个系统的可靠性，在实际运行中，可能会出现电磁阀的控制线圈损坏、信号隔离变送器损坏、溢流阀故障、液压泵机械机构损坏、蓄能器损坏、漏油、过热、振动或噪声等常见问题，制动系统则可能出现漏油、磨损、异响等常见故障，均会影响液压及制动系统的正常工作，并对机组的安全造成极大威胁。因此，加强对液压及制动系统的技术监督工作，对风电机组的安全、高效运行具有重大意义。

本章首先对液压及制动系统进行介绍，简要说明其工作原理及作用，然后详细介绍了对液压及制动系统进行技术监督的内容以及在实际运行中存在的常见问题，最后根据典型故障案例，深入分析发生故障的原因，并从技术监督的角度给出相关处理建议。

第一节 液压及制动系统简介

风电机组中，液压系统可应用于变桨、机组刹车以及偏航制动等，液压系统示意如图 4-1 所示。

液压变桨系统主要由动力源液压泵站、控制模块、蓄能器与执行机构油缸构成。液压变桨根据桨距角给定指令驱动液压缸，液压缸带动推动杆和同步盘运动，同步盘通过短转轴、连杆和长转轴推动偏心盘转动，偏心盘带动叶片进行变桨。液压变桨系统具有启动力矩大、定位精确、执行机构动态响应快等优点，被很多风电机组采用。随着液压技术的不断发展，在风电机组日益大型化的趋势下，液压变桨系统仍具有很大的优势和发展潜力。

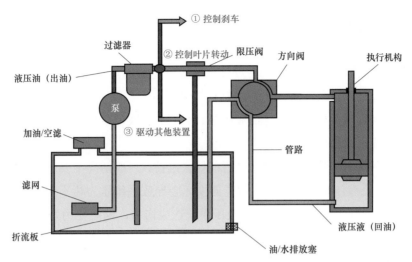

① 控制刹车
过滤器
② 控制叶片转动　限压阀　方向阀　执行机构
液压油（出油）
泵
加油/空滤
③ 驱动其他装置
管路
滤网
折流板
液压液（回油）
油/水排放塞

图 4-1　风电机组典型液压系统示意图

液压制动系统主要由液压泵、蓄能器、电磁换向阀、溢流阀等组成，以其传动平稳、质量轻、体积小、结构简单、承载能力大、使用寿命长的优点，广泛应用于风电机组。当风电机组运行时，液压泵启动，电磁换向阀通电，高压油通过单向阀进入液压缸的有杆腔，当供油压力大于刹车的弹簧力和液压缸另一侧的液压力时，推动活塞杆向缸里运动，制动钳或刹车片松开，叶轮开始转动。当风电机组正常停机或紧急停机时，液压泵停止工作，电磁换向阀断电，高压油通过电磁换向阀回到油箱，液压刹车卡钳在刹车弹簧力和液压缸一侧油压的作用下实现刹车。

风电机组的偏航系统也可使用液压方式进行制动。当风电机组收到偏航制动指令时，刹车机构动作，根据风速、风向及偏航系统调向的速度来确定阻尼力矩的大小。液压制动系统能够控制液压流量和压力的大小，进而实现阻尼力矩大小的调节。液压力大小改变的同时刹车力矩的大小也发生改变，刹车力矩大小的变化反映了阻尼力矩大小的变化。

第二节　监督内容及设备维护

一、技术监督常见问题

（一）液压系统常见问题

（1）电磁阀的控制线圈损坏。是最常见的故障，电磁阀线圈损坏将会导致液压系统无法执行中央控制器的指令，整个系统无法运行。

（2）信号隔离变送器损坏。中央处理器对偏航系统的比例阀的控制信号需经信号隔离变送器转换为模拟信号，变送器的输入为来自中央处理器的电压信号，输出为供给比例阀电磁线圈的电流信号。当信号隔离变送器故障时，输出电流过小，可能导致比例阀的开启量不足，进而导致液压缸压力不足。

（3）溢流阀故障。溢流阀失效会导致系统压力无法达到设定值，或系统压力过高，表现为漏油，甚至液压泵开裂、电动机轴连接键断裂等故障。

（4）液压泵机械机构损坏。包括液压泵外壳开裂、液压泵与电动机之间联轴器键损坏，会导致系统压力过低，无法达到设定值。

（5）蓄能器损坏。系统的压力通过蓄能器来维持，一般情况下要求保压时间能达到12h 以上，以防止液压泵频繁启动。蓄能器损坏会导致系统压力达不到设定值，使液压泵频繁启动，每小时启动 2～3 次，对液压系统造成伤害，缩短使用寿命。

（6）漏油。漏油包括内泄漏和外泄漏。内泄漏可通过手摸的方法检测，并通过对液压元件进行维修、更换解决；外泄漏会有明显的油滴外流现象，主要原因有管接头或密封圈损坏、紧固螺钉预紧力不够等。

（7）液压系统过热。一般指油管、溢流阀、液压泵等元件壳体的表面温度高，对于风电机组来说，这种故障通常是油液受污染所致。

（8）液压系统振动或噪声。对于风电机组的液压系统，通常是液压油受污染、产生气穴所致，消除办法是加强过滤和密封。

（二）制动系统常见问题

（1）当制动器存在漏油时，会造成偏航制动器压力不足，影响内部卫生甚至污染风电机组周边环境。

（2）当摩擦片磨损过快时，会影响风电机组的正常工作，甚至导致无法成功制动，严重影响机组安全。此外，磨损产生的碎屑也不利于现场维护，甚至会划伤制动盘。

（3）当存在偏航异响时，会对周围环境产生噪声污染，甚至对周围居民的生活产生影响。

二、技术监督内容

（一）液压油

1. 液压油选用

液压油的选用应严格按照国家、行业标准的规定并结合风电场的具体情况，选择适合风电机组环境温度、运行工况和产品特性的液压油。风电机组的设计、生产商和液压油生产商应向风电场用户提供满足液压系统正常工作的液压油品质要求及其维护、监督内容。油品供应商应提供产品合格证、出厂检测分析报告和使用说明书。液压油新油质量应按照 GB 11118.1—2011《液压油（L-HL、L-HM、L-HV、L-HS、L-HG）》的规定进行验收，风电场也可以参照国家、行业或与选定油品供应商协商的技术指标进行复检验收。

2. 液压油运行监督

（1）新建或检修后监督。液压装置装配完毕后，按有关工艺规定对液压系统进行循环冲洗，应符合清洁度达到 NAS1638 6 级的要求；液压系统在规定的使用期限内正常工作油温上限值运转时，全部管路、元件、可拆卸结合面、活动连接的密封处应密封良好，不应有油液渗漏现象；注入液压系统的新油应经过过滤，过滤精度不应低于设计要求（通常滤芯精度不大于 5μm）；系统中设置必要的压力测点、排气点、采样点、加油口及排油口。

（2）日常运行监督。应定期对液压油的主要理化指标进行检测，确定液压油是否可以继续使用。在试运行 72h 后，进行首次检测（检测比例按照风电场不同机型数量的10%抽样），检测项目见表 4-1 中的第 8、9、10 项，运行 3 个月后进行第三次检测，作为正常运行的第一次检测，主要检测项目按照表 4-1 中的第 10 项执行，然后按表 4-1的时间间隔进行日常运行的检查监督。

表 4-1　　　　　　　　　　　　　液压油检测项目和周期

序号	检测项目	指标	检测周期	试验方法
1	油箱液位、外观、色度	运行设定值	1~3 个月*	记录
2	油液温度	运行设定值	1~3 个月	记录
3	润滑油压力	运行设定值	1~3 个月	记录
4	液压油管路渗漏	外观检查	1~3 个月	记录
5	液压油滤清器	按照规定检查	1~3 个月	记录
6	40℃运动黏度变化率（%）	<±10	3~6 个月**	GB 11118.1—2011《液压油（L-HL、L-HM、L-HV、L-HS、L-HG）》
7	色度变化（比新油，号）	<2	3~6 个月、必要时***	GB/T 6540—1986《石油产品颜色测定法》
8	酸值（mg/g，以 KOH 计）	≤0.3	3~6 个月、必要时	GB/T 264—1983《石油产品酸值测定法》
9	水分（%）	<0.1	3~6 个月、必要时	GB/T 260—2016《石油产品水含量的测定　蒸馏法》
10	清洁度等级（NAS）	≤7（16/13）	3~6 个月、必要时	DL/T 432—2018《电力用油中颗粒度测定方法》
11	铜片腐蚀（100℃，3h，级）	≤2	3~6 个月、必要时	GB/T 5096—2017《石油产品铜片腐蚀试验法》
12	旋转氧弹（150℃，min）	报告	12 个月	

*　在试运行 72h 内进行首检，试运行 1000h 后进行复检，运行 3 个月后进行第三次检查，之后按液压油监督规定
　　的时间间隔进行例行检查。

**　正常运行后，应对液压油的理化指标和清洁度进行定期检验，确定液压油是否可以继续使用。一般 3 个月检查
　　一次，最长不能超过 6 个月。

***　必要时，如油色异常、补油后、机组启动前等。

风电场应根据风电机组数量、运行环境及使用液压油的类型、数量、使用年限和检测指标的变化情况，制定液压油检测范围和检测周期，每次抽检液压油的风电机组数量不应少于风电场每种型号风电机组数量的10%。液压油检测项目和周期参见表4-1。

（3）液压油更换监督。当有一项指标达到表4-2、表4-3中的规定换油指标规定值时，应更换新油。

表4-2　　　　　　　　　　　　L-HL 液压油的换油指标

项目	换油指标	试验方法
外观	不透明或浑油	目测
40℃运动黏度变化率（%）	＞±10	GB 11118.1—2011《液压油（L-HL、L-HM、L-HV、L-HS、L-HG）》
色度变化（比新油，号）	≥3	GB/T 6540—1986《石油产品颜色测定法》
酸值（mg/g，以 KOH 计）	＞0.3	GB/T 264—1983《石油产品酸值测定法》
水分（%）	＞0.1	GB/T 260—2016《石油产品水含量的测定　蒸馏法》
铜片腐蚀（100℃，3h，级）	≥2	GB/T 5096—2017《石油产品铜片腐蚀试验法》

表4-3　　　　　　　　　　　　L-HM 液压油的换油指标

项目		换油指标	试验方法
40℃运动黏度变化率（%）		＞＋15 或＞－10	GB/T 265—1988《石油产品运动粘度测定法和动力粘度测试法》
色度增加（比新油，号）		≥2	GB/T 6540—1986《石油产品颜色测定法》
酸值	降低（%）或增加值（以 KOH 计，mg/g）	＞35 ＞0.4	GB/T 264—1983《石油产品酸值测定法》
水分（%）		＞0.1	GB/T 260—2016《石油产品水含量的测定　蒸馏法》
铜片腐蚀（100℃，3h，级）		≥2a	GB/T 5096—2017《石油产品铜片腐蚀试验法》

（4）液压油处理监督。

1）滤油：在滤油器需要清洗和更换滤芯时，应及时更换；使用滤油器时，其额定流量不应小于实际过滤油液的流量。

2）换油：不同制造商的相同牌号液压油，不宜混合使用，若要混合使用时，应进行小样混合试验，检查是否有油泥析出；必要时与油品制造商协商确定。

3）废弃液压油处理：应按照有关标准的规定进行收集、储存，并采取适当的处置方式进行处理，严禁排入下水道，避免污染环境和造成人身、设备伤害。

（二）液压系统

液压系统的技术监督内容如表4-4所示。

表 4-4　　　　　　　　　　　　液压系统技术监督内容

监督阶段	监督检查内容
设计制造阶段	液压系统设计以及制造应符合 JB/T 10427—2004《风力发电机组一般液压系统》的要求，元件（泵、管路、阀门、液压缸）的尺寸应适当，以保证其所需的反应时间、动作速度、作用力，控制功能与安全系统应能完全分离，液压缸（如风轮制动机构、叶片变距机构）仅在具有压力时才能实现其安全功能，液压系统设计应满足在动力供给失效后使机组保持在安全状态的时间不少于 5 天
	液压系统的安全要求应符合 JB/T 10427—2004《风力发电机组一般液压系统》的要求，系统应有过压保护装置
运行维护阶段	定期检查液压系统油位、油压是否正常，外观是否存在油泄漏现象，运行过程有无异常响声
	定期检查液压站蓄能器、液压泵工作是否正常，滤芯更换记录是否完整
	定期检查高速轴刹车片厚度及刹车片更换记录是否完整
	定期检查液压系统各部件螺栓力矩是否紧固，螺栓有无松动、锈蚀

三、设备维护

（一）液压系统维护

（1）手动测试液压系统油泵及电机，能够正常让压力上升，所有压力开关、油温开关和液位开关正常使用。

（2）电磁阀反应动作异常，如油污堵塞电磁阀，应清理油污，如非堵塞应更换电磁阀。检查压力传感器接线，清除压力传感器测量孔杂质。

（3）测试蓄能器功能，用电机给系统打压，手动泄压，如仅泄压 1～2 次后压力值为 0，需进一步进行充气，检测蓄能器是否存在问题。

（4）液压站油品更换。液压油维护按照厂商要求的检测周期表执行，油样品采集前，将液压站置于偏航解缆状态，确保系统压力低于厂商采油要求。采油点接入测压软管后，先将油放入油箱，待油流稳定后，再放入取样瓶。将采集好的油样按照环境温度进行封存，尽快交专业的部门进行检测，如油样不合格，进行油品更换。通过放油口将液压站油箱内的油液全部放出，将油箱内部清理干净，恢复密封好油箱盖，紧固放油口后加注新的油液，检查液压站是否正常运行。更换油液以后，需要对使用的油液进行循环过滤，应先检查滤芯杂质是否过多，并及时清洁或更换，更换过滤器滤芯时注意先卸压再更换，以免发生安全事故。开启电机泵组，让系统内油液通过过滤器进行循环过滤。

（5）液压系统测试。用液压表测量液压站主系统压力、偏航半泄压、高速轴刹车压力是否符合厂商要求正常值。

（二）高速轴制动系统维护

（1）刹车盘检查。高速轴制动盘发生变色、腐蚀、划痕等现象，对腐蚀严重制动盘进行除锈处理，分析划痕产生的根本原因。

（2）刹车间隙调整。通过刹车钳上的螺栓调节刹车片与刹车盘间隙，制动盘与刹车片之间的间隙应符合厂商要求。

（3）刹车片、刹车钳维护。测量高速轴刹车片的厚度，摩擦材料层厚度小于厂商要求限值时需更换。保持刹车钳表面清洁，防止液压系统和制动器损坏，油管、钳体如发生漏油，应及时处理。检查刹车片磨损传感器功能是否正常。

（4）刹车系统螺栓维护。紧固高速制动器刹车片固定螺栓，高速刹车钳安装力矩将螺栓维护到额定力矩值，由于空间狭小，力矩不能 100%维护，维护不到的螺栓目测判断，如有松动应及时处理。高速刹车钳安装螺栓如生锈或损坏，螺栓防腐处理可参照第二章第二节中叶片维护的叶片根部螺栓除锈及修补防腐处理方法，损坏螺栓应及时更换。转子锁定盘螺栓维护到额定力矩值，高速刹车盘紧固螺栓防松标识线有错位现象，应及时拆除联轴器，对刹车盘固定螺栓进行紧固。高速刹车盘紧固螺栓发生生锈或损坏，处理同高速刹车钳安装螺栓。

第三节 典型案例分析

一、风电机组液压变桨系统故障起火事故分析

（一）事故概况

某风电场 1 兆瓦级双馈风电机组液压变桨系统由一台油动机控制三支桨叶。事故发生时，离机组较近的人员发现高速旋转的风电机组出现冒烟、起火现象。由于风速很大，机组旋转速度相当高，机舱冒烟，在出现火苗以后，叶轮转速有所降低，但其转速也超过正常转速。机舱出现爆炸声后，机组的旋转速度下降，直至当天晚上叶轮还在低速旋转。

在事故前的一次维修中，现场人员拆卸了液压变桨系统油动机，发现油动机内部的密封圈磨损严重，且缸体内壁有杂质附着。拆卸油动机集成块上的电磁阀时，发现其中有两个电磁阀上的 O 形密封圈丢失，油动机集成了 5 个电磁阀，其中 2 个是紧急顺桨电磁阀。

对事故现场进行勘测，发现如下情况。

1. 齿轮箱油泵电机及滤油器

图 4-2 所示为机组着火后的齿轮箱滤油器及主轴刹车器状况，可以看出齿轮箱滤油器和齿轮箱油泵电机的外侧正对刹车盘。事故后看不到齿轮箱油泵电机，齿轮箱滤油器右侧熔化严重，下部完全脱落。

如图 4-3 所示，齿轮箱油泵电机的外侧完全熔化，靠近主轴刹车器的齿轮箱油泵电机外壳已经熔化，而且油泵电机的铁皮罩壳熔化后不见踪迹。如图 4-4 所示，齿轮箱润滑油泵电机的定子线圈严重变形，部分已经熔化，在油泵电机外壳熔化后，电机的

定、转子全部掉落。而机舱上的变桨油动机液压站的电机和液压油冷却系统的风扇电机因没有正对主轴刹车器，事故后这两个电机的各部位均未见烧熔的痕迹。

  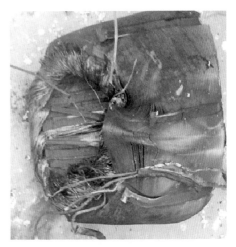

图 4-2　机组着火后的　　　图 4-3　事故后的齿轮箱　　　图 4-4　事故后掉落在地上的齿轮箱
　　　齿轮箱滤油器及主轴　　　　　油泵电机机壳状况　　　　　　油泵电机定子状况
　　　刹车器状况

2. 主轴刹车器、刹车器罩壳及主轴刹车盘

该机组使用的是主动式刹车器，如图 4-5 所示。主动式刹车器又称常开式刹车器，安装在齿轮箱高速轴正上方，主轴液压站上的电磁阀得电，为主轴刹车器供油，刹车器刹车；电磁阀失电，主轴刹车器卸油、失压，主轴刹车器上的弹簧收紧使刹车器松开。

安装在齿轮箱上刹车盘如图 4-5 所示。事故机组主轴刹车盘的两侧都磨损了 3~5mm，从图 4-5 中可以看出刹车盘边缘出现了较深的飞边，从刹车盘的颜色可以看出，在主轴刹车制动时，刹车盘的温度很高，磨损严重。

图 4-5　刹车盘与主轴刹车器

刹车盘与刹车器之间的间隙状况如图 4-6 所示。可以看出，机组烧毁之后，刹车片与刹车盘之间的距离很小，在刹车器的右侧有熔化沉积物，左侧刹车片的刹车材料部分全部磨损，右侧的刹车片只有中部还有部分刹车材料。

刹车片由 8mm 厚的刹车材料和 12mm 厚的铁基组成，正常情况下，当刹车片磨损 3mm 后就会报警提示更换刹车片。此次事故中两边刹车片磨损相当严重，16mm 的刹车材料几乎全部磨损消耗，左侧的刹车片铁基部分也严重变形。

(a)　　　　　　　　　　　　　(b)

图 4-6　主轴刹车器间隙图
(a) 左侧；(b) 右侧

如图 4-7 所示，整个主轴刹车器罩壳除了固定端还有部分金属残留物外，其余部分全部熔化。

（二）事故原因分析

事故发生后，综合分析得出产生事故的原因为：在风速较高时，事故机组因液压变桨系统的比例阀和紧急收桨电磁阀堵塞、卡死出现变桨故障，造成 3 个叶片同时无法顺桨，进而导致主轴刹车器长时间、高强度制动，因持续摩擦而产生巨大热量，最终导致机组烧毁。

图 4-7　主轴刹车器及主轴刹车器罩壳状况

1. 液压变桨故障原因分析

该风电机组液压变桨系统由 1 台油动机控制 3 个叶片，在投入运行之后，变桨故障时有发生。当机组报"硬件超速停机"故障时，伴随报出变桨相关故障，清洗或更换控制桨距角变化的比例阀后，故障解决。

由故障现象和原理分析，比例阀堵塞与机组报超速停机有必然联系。在变桨过程中，比例阀堵塞必然会造成 3 个叶片不能同时顺桨，机组转速不断上升，触发"硬件超速"停机，此后紧急顺桨电磁阀应动作，使机组顺桨。如果比例阀和紧急收桨电磁阀同时卡死，必将造成 3 个叶片无法顺桨、机组超速，进而引发更大事故。

紧急顺桨电磁阀有两个，分别位于活塞的两侧，一个进油，一个出油。只有两个紧急顺桨电磁阀同时动作，方能执行紧急顺桨；如果有一个不能动作，就不能完成正常的紧急顺桨。事故发生时，机组在满负荷风速以上报"变桨机械故障"，说明比例阀出现问题，转速无法进行正常控制，其后又报"阵风""变桨速度太慢"等故障，6:05 机组脱网，7:00 瞬时转速高达 2869r/min，远超触发紧急顺桨的转速设定值。这说明在事故发生时，不仅比例阀堵塞，而且紧急顺桨电磁阀也出现了堵塞、卡死故障，最终造成油动机不能卸压，3 个叶片同时不能顺桨。

比例阀堵塞或卡死可能是由油动机的密封圈或活塞杆在油缸内磨损产生的杂质引起的。油动机腔室的油循环是封闭的，且没有滤油系统，密封圈或活塞杆磨损产生的杂质无法排出油缸，比例阀的间隙又很小，可能造成比例阀堵塞或卡死。另外，在事故前的一次维修过程中发现，油动机集成块上电磁阀 O 形密封圈丢失，丢失的电磁阀密封圈和挡圈可能留在油动机集成块中，可能导致电磁阀堵塞、卡死。因此，油动机活塞杆及密封圈磨损不断产生杂质，油动机循环油又缺乏过滤装置，加上电磁阀的密封圈丢失，埋下了机组飞车的安全隐患。

2. 机组着火点分析

分析故障机组主控数据发现，主轴刹车器持续高速制动的时间至少为 3min，6:05 发出命令，主轴刹车器参与制动，到 10:00 主轴刹车器还处于高速制动状态。从现场勘测来看，主轴刹车器制动持续产生的热量和火花，一方面导致主轴刹车器和刹车盘磨损严重，刹车器罩壳、齿轮油泵电机、齿轮箱滤油器等熔化；另一方面导致齿轮箱油管破裂、变桨油动机液压站和主轴液压站的油管破裂，液压油泄漏，进一步加剧了火势。

事故后刹车盘磨损相当严重（见图 4-5），主轴刹车器两边的刹车片也严重磨损。然而，如图 4-6 所示，刹车片与刹车盘之间的间隙并不大。刹车盘和刹车器磨损、主轴刹车器液压站彻底失压，加上刹车器弹簧力的作用，刹车盘两边的间隙均应在 10mm 以上。因此，过火后刹车器间隙不大，主要是由于事故时主轴刹车器制动产生巨大的热量，致使刹车器的温度很高，刹车器上弹簧退火失效所致。且主轴刹车器油管和液压站离起火地点较远，主轴刹车器的油管烧毁较晚，因此，在机组起火的初始阶段，液压站给主轴刹车器持续提供压力，使其一直处于制动状态，并在主轴刹车器上持续产生火花。在主轴刹车器油管烧爆后，主轴刹车器失去压力，弹簧力的作用自然松开，但是，刹车器弹簧由于刹车器的高温使其退火，已经失去弹性，不能让刹车片回到应有的位置。可以推断，刹车器的发热相当严重，其制动过程中温升很高。

齿轮箱滤油器外侧较内侧熔化严重，滤油器的下部全部熔化、脱落，齿轮箱油泵电机罩壳和散热层的熔化，定子、转子脱落，刹车器罩壳大部分熔化。由此可见，主轴刹车器制动长时间制动产生的热量巨大，也是机组烧毁的根源所在；另外，从刹车器附近烧毁的器件可以推断，这种因主轴刹车器长时间、持续地制动而引发的摩擦起火，常规消防灭火装置因容量有限、无法长时间工作而起不到灭火作用。

3. 机组烧毁的根本原因分析

液压变桨系统故障导致 3 个叶片同时不能顺桨，是机组烧毁的根本原因。事故时，叶片无法顺桨导致机组飞车，加大了主轴刹车器的制动强度，制动时间也大大加长，引起长时间的制动摩擦起火，导致机组烧毁。

主轴刹车器长时间制动不仅会造成起火，而且由于制动时产生的巨大反向扭矩，还会使机组倒塔。如某风电场机组倒塌、烧毁事故：风速较高时，运行机组故障脱网，3个叶片同时不能顺桨，先是主轴刹车器制动使机组完全停下来，短暂停机后，机组又再次迅速启机。第一次停机主轴刹车器制动造成机舱起火，叶轮再次旋转起来后，机组硬件超速；第二次制动造成机组倒塔。

与其他风电机组烧毁、倒塔事故相比，该事故在主轴刹车器制动时叶轮的角加速度较小，叶轮转速相对较低；此外，该机组使用的主动式刹车器制动扭矩比被动式刹车器小（小于两倍满负荷扭矩），且变桨油动机液压站的油管烧毁破裂使叶轮部分顺桨。因此，该次事故仅导致机组烧毁，而没有倒塔。

（三）监督建议

在该事故中，运行维护人员对液压变桨系统风电机组的运行经验缺乏、检修维护重视度不足，对液压变桨系统的故障隐患没有足够的认识，比如运行时已多次报"变桨机械故障""变桨速度太慢"等变桨故障，在没有深入分析彻底排除故障机组的情况下仍然运行，埋下了机组烧毁的安全隐患。

因此，对采用液压变桨系统的风电机组，风电场应定期对其巡视、检查和维护。首先应严格按照国家标准规定的周期和方法进行液压油的检验、更换；其次要保证液压回路上各阀件状态良好，各压力点压力正常，没有渗漏油现象，并测试顺桨功能能否正常实现；最后还应检查主轴刹车片的厚度，若达到更换标准或发生快速磨损时应立即更换刹车片，防止因高速轴刹车失效引起机组起火、倒塔事故。

二、风电机组液压系统常见故障分析

（一）风电机组液压系统概况

某风电场安装 9 台变桨距风电机组，采用了最佳桨距控制、最佳滑差控制、液压变桨、全防雷保护等多项新技术。该型号风电机组液压系统由液压站、变桨油缸、刹车卡钳及连接管路组成，实现驱动桨叶变桨和高速轴刹车两项功能。

根据其功能，液压系统可分为泵系统、变桨系统和刹车系统三个子系统。泵系统负责给变桨系统和刹车系统提供动力；变桨系统通过比例阀控制变桨油缸的活塞运动来进行变桨；刹车系统通过电磁阀控制刹车卡钳的压力来进行制动。

（二）机组液压系统常见故障分析

1. 液压油温不正常

一般在冬季环境温度较低时，机组长时间停机会导致油温低于机组设定值（−20℃）。

遇到该类故障时，不可直接对液压站进行加热，否则会导致液压油着火或蓄能器超压，可利用机舱加热器来提升机舱内温度，进而逐步加热液压油。

当液压油温超过机组设定值（65℃）时报"液压油温高故障"，主要原因是蓄能器预充压力低。蓄能器里预充氮气，在20℃时的预充压力为（10.5±0.4）MPa，温度每升高5℃，压力上升0.2MPa。当预充压力较低时，系统压力无法维持，造成液压泵频繁启停，一段时间后导致液压油温升高。

2. 液压泵打压超时

液压系统压力在规定时间（60s）内达不到上限值（18MPa），将导致液压泵打压超时，该故障的常见原因主要有以下几点：

（1）液压电动机的接线相序错误，电动机反转。该问题在新机组调试或者更换电动机后比较常见，更改相序后即可恢复。

（2）阀块裂纹导致内漏。根据现场经验，阀块寿命为10年左右，通过目测即可发现损坏的阀块上有裂纹，由于厂家已停止生产该型机组，原装备件供应中断，只能向国内厂家定做新的阀块。

（3）液压泵出口管路破损。该情况较为少见，由于管路位于油箱盖下面，故障点不易被发现，如果油箱内有"哗哗"的异响，很可能是管路出现问题，需打开油箱盖进行检查处理。

（4）液压泵损坏和单向阀密封不严，其中液压泵损坏较常见。

3. 液压系统工作压力低

当系统压力低于11.5MPa且超过200ms时机组报此故障，主要原因是蓄能器预充压力低。当变桨速度较快时，变桨油缸需要较多的油量，而液压泵短时间内无法补充到位，造成系统压力瞬时降低，给蓄能器补充氮气后即可解决。

4. 液压变桨系统故障

液压变桨系统故障主要表现为比例阀控制电压与变桨速度不匹配。机组控制器输出控制电压至比例阀后，变桨油缸驱动桨叶开始变桨，并反馈给控制器一个相应的变桨速度，若不变桨或反馈的变桨速度不正确，则报此故障。引发该故障的原因可能为液压变桨系统压力不足、电磁阀线圈损坏、比例阀故障、控制电路故障等。若经过排查，变桨电磁阀、比例阀、管路均正常，则说明故障点集中在变桨油缸。变桨油缸本体一般不会损坏，原因可能是油缸进气，现场也曾出现过变桨油缸进气导致无法推桨的情况。该机型变桨油缸无排气阀门，只能通用松开油管接口和拆卸先导阀来放气，排气过程可能会喷出油雾并产生刺耳声响，检修人员需做好安全防护措施。

（三）监督建议

风电场日常运行中应关注液压系统中的油温，尤其是工作在高温环境下的风电机组，若发生油温高报警应及时处理，否则存在极大的安全隐患。在定期巡视、检修中，应关注液压油的质量及滤芯的脏污程度，当滤芯脏污导致风电机组告警时，除按要求更换滤芯外，还应检查液压油质是否满足相关国家标准的要求，必要时进行换油处理。此外，还需关注液压泵等部件的外观及工作状态，若出现明显裂纹、机械结构损坏或功能完全失效，应及时维修或更换。

风电场应定期检查液压系统中各点压力是否正常，防止出现渗漏油、频繁打压失败等故障，若有压力不足的点应仔细排查原因进行处理，不能简单补充液压介质了事；定期检查液压系统中各阀件及其控制参数定值，尤其确保变桨系统涉及的相关阀件正常工作，防止出现重大事故。

三、风电机组液压变桨油缸漏油故障分析

（一）故障概况

某风电场风电机组可利用率四年内从 99.68% 下降到 98.60%，且频繁出现变桨油缸漏油情况，逐年恶化。风电场曾尝试通过更换密封解决该问题，但是更换全新密封仅能坚持 1～2 年，更换工作效率低且工作量巨大。

对该年度发生液压故障的机组进行统计分析发现，液压变桨系统 166 台次故障中，"液压系统油位低"故障发生 69 台次，"油压低"故障发生 51 台次，说明变桨油缸漏油为风电机组液压系统故障的主要原因。

（二）故障原因分析及改进

1. 故障原因

风电机组变桨油缸活塞杆与缸体之间通过密封阻止油压外泄，其缸体内部液压工作压力保持在 20～22MPa。该风电场风速较大且极不稳定，导致风电机组变桨频繁，变桨油缸密封老化失效速度较快，油缸机械回转支撑结构磨损也较大。

如图 4-8 所示，拆解变桨油缸、解体密封结构后发现，该型号油缸密封结构存在缺陷，密封材料寿命短、不耐用。密封产生磨损后，碎屑混入液压油内，导致液压油质较差，且油缸行程及压力控制存在偏差，加剧了油缸漏油的可能。

图 4-8　拆解变桨油缸、解体密封结构

由于轮毂内作业空间狭小，变桨油缸质量大，更换油缸密封或油缸的工作量大，返工率高，且密封更换工艺差，更换成功率低，部分密封及活塞杆无法更换，如图4-9所示。

图4-9　轮毂作业空间狭小、更换工艺差

2. 改进措施

为全方位综合治理该油缸漏油问题，风电场做出如下改进措施：

（1）油缸密封结构及材料改进。对油缸缸头密封导向套和密封环结构进行更改并优化，同时采用 SPGW 型活塞密封专用组合密封件，在密封件的摩擦界面上开设流体动力螺旋槽，可解决油缸密封易磨损、密封效果不良的问题。油缸密封材料可采用超高分子量聚乙烯密封材料及高性能高耐磨聚氨酯材料，从而使密封系统具有良好承压、耐磨和耐温等级，满足各种运行工况的要求。

（2）油缸密封更换工艺改进。按照常规手段，在风电机组轮毂内更换油缸密封，工艺差、效率低。可改进为将变桨油缸整体拆卸后返厂解体检修。如此，既能减少更换过程中密封件的损伤，同时便于缸头细牙螺纹安装，避免返工；而且返厂可一并处理解体油缸、密封更换、尺寸优化及修后专业检测等工作，并出具相应专业检测报告，检修完成后发至现场直接安装即可。

（3）变桨油缸机械回转支撑结构改进。半月板及内部钢质滑动轴承与变桨油缸十字轴轴套之间为直接金属摩擦接触，无任何润滑，存在严重的设计缺陷。因此，改进后采用新型带润滑结构的半月板以及特氟龙轴承，有效规避了半月板、轴承和油缸十字轴间的硬磨损问题，能更好地保证三者间的配合间隙，同时半月板配套减震垫，对变桨油缸十字轴向的位移起到减震作用。

油缸十字轴限位端面与半月板间磨损严重，间隙较大。因此，改进后半月板及轴套更换后需使用不锈钢调整垫片填充间隙，避免油缸十字轴运行中在轴套内滑动，从而保证变桨油缸装配后工作位置精度。

（三）监督建议

风电场应定期对液压油进行油质检测，更换滤芯、滤油以及换油，以保证油质优良，减少密封磨损；及时补充蓄能器氮气，以保证变桨油缸压力供应系统正常运行；调整叶片零度及叶片角度传感器至标准范围内，以保证变桨油缸行程控制系统正常运行；加强液压变桨系统专题培训及检修规程的修改完善，以提高检修工作水平及定检维护质量。

四、风电机组液压站蓄能器失效故障分析

（一）故障概况

某风电机组液压系统中的蓄能器没有直接信号监测点，蓄能器的失效主要体现在液压系统补充压力时间过长，甚至打压时压力无法达到设定值，尤其是执行偏航动作时，系统压力由 14MPa 降到 2MPa，偏航结束后，齿轮泵工作，将系统压力再补充至 14MPa。对于失效蓄能器进行多次测试，所得补压时系统压力值 1min 内的数据变化如图 4-10 所示。

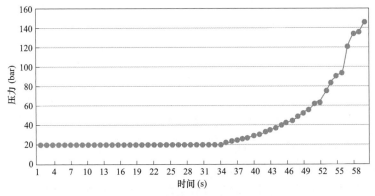

图 4-10 补压时系统压力值 1min 变化

如图 4-10 所示，尽管齿轮泵一直工作，但系统压力上升缓慢，达不到风电机组 15s 内系统压力上升至设定值的要求。更换蓄能器后再次测试，主系统压力 1min 内数据变化如图 4-11 所示。正常蓄能器压力建立时间明显缩短，符合风电机组对液压系统的要求。通过对多台风电机组多次试验，对比失效和正常的蓄能器打压时系统压力上升情况，

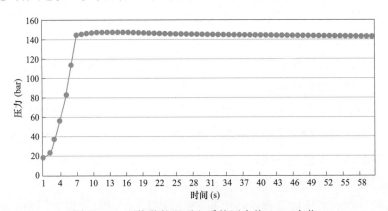

图 4-11 更换蓄能器后主系统压力值 1min 变化

正常蓄能器在系统压力恢复至设定值压力大约用时 6～7s，而失效的储能器在系统恢复压力时需要时间远大于 15s。

该机组所用蓄能器为隔膜式蓄能器，有两个半球形壳体，两个半球之间夹着一个橡胶薄膜，将液压油和氮气分开，如图 4-12 所示。蓄能器中预充氮气压力为 12MPa，体积为 0.75L，当齿轮泵工作时，会将液压油打入蓄能器中以压缩气体。根据理想状态方程 $p_1V_1=p_2V_2$，如果将系统压力补充至 15MPa，则蓄能器内部氮气体积将被压缩为 0.6L，所以齿轮泵工作时需要注入 0.75-0.6=0.15L 的液压油。本案例中从齿轮泵开始工作至风

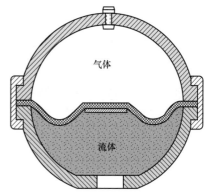

图 4-12　隔膜式蓄能器示意图

电机组报出"15s 内系统压力未补充至设定值"故障，注油量达 0.42L，相比理论情况下打压到 15MPa 压力所需的油量增加了两倍多，可见蓄能器内部充氮压力远远小于 12MPa 的标准压力值。故判断失效蓄能器内部充氮压力严重不足，即蓄能器存在氮气泄漏情况。

（二）故障原因分析

本案例中所有失效蓄能器均存在下口漏气的现象，对于被替换下来的蓄能器，甚至可以明显听到漏气声。由此判断这些蓄能器的橡胶隔膜有破损情况。

蓄能器隔膜破损的影响因素有很多，主要有如下几方面。

1. 隔膜橡胶质量问题

隔膜橡胶材质弹性差，不适应蓄能器的频繁动作，存在疲劳性损伤；隔膜制造工艺不达标，存在壁厚不均匀情况；长时间运行后，橡胶薄膜出现老化现象。

2. 液压油问题

液压油在长期运行中可能出现杂质油污，会对橡胶薄膜产生严重影响；液压油温未在控制范围内，造成橡胶隔膜的损坏。

3. 蓄能器内部密封问题

由于蓄能器频繁处于补充压力和释放压力的工作过程，不可避免地产生冲击振动，蓄能器内部密封件逐渐老化，会导致轻微漏气，不会影响正常使用。但伴随使用时间及频次的增加，其内部压力越来越低，以致蓄能器长时间处于欠压状态，无法起到保压作用，此种状态下运行时间过长，将导致橡胶隔膜损坏。

（三）监督建议

（1）风电场应定期对蓄能器充氮压力进行检测，在蓄能器投入使用后的第 1 月内，每周检查一次充氮压力，此后，根据压力降低的情况调整检查周期，建议在蓄能器重新投入工作的第 1、3、6 月再次检查，以后每年检查一次，确保蓄能器充氮压力正常。

（2）需从控制逻辑上减少蓄能器补充压力和释放压力的工作频率，一方面，减少偏航对风动作次数，低于风电机组切入风速时，不进行偏航对风控制；另一方面，风电机组存在其他故障不具备并网条件时，不进行偏航对风控制。

（3）维护工作应对蓄能器各接口及充气口处进行紧固，降低其因外部连接问题导致的漏气情况。

（4）定期更换空气滤清器、高压滤器、回油滤器，保证整个油液清洁度，每半年对液压站油品取样进行检测，清洁度正常为 NAS8 级，最大不超过 NAS9 级。

（5）维护过程中测试液压油加热器工作是否正常，将油温控制在 20～70℃，避免液压油处于过高的温度运行，防止油液高温氧化。

五、风电机组制动系统刹车片磨损故障分析

（一）故障概况

某风电场风电机组采用液压主动盘式偏航制动器，由上下两半夹钳、4 个活塞头、2 块刹车片及液压驱动系统等组成，通过液压驱动，推动上下两半夹钳上的活塞头以及与其连接在一起的刹车片，紧紧钳住制动盘，进而实现偏航制动。机组制动器未设置偏航制动器刹车片行程开关信号。

制动器液压站设有系统压力检测口、主轴压力检测口以及偏航背压检测口 3 个压力检测口，但仅在主轴压力检测口处安装一个压力检测表，压力信号也未接入风电机组主控制程序。

风电场正常运行半年后，在例行巡检中发现，1 台风电机组偏航制动盘出现长槽、小坑、凸点等现象，偏航制动盘边缘有数道长槽，偏航制动盘上表面有粉末片状的金属杂物，同时发生液压站油位低故障报警。更换其中 3 套制动器的 6 块刹车片，运行几天后复查，发现新换刹车片同样磨损严重，同时出现液压站油位低现象。通过风电机组机舱检查发现，偏航制动器接油瓶爆裂，导致风电机组塔筒内壁、风电机组内部平台有大量油迹，液压站油位显示低于警示线。解体偏航制动器并检查，发现偏航制动器下半夹钳的刹车片磨损严重，且刹车片表面结块成片脱落、刹车片活塞头有刮痕；上半夹钳的刹车片被磨穿；偏航制动器上半夹钳活塞头伸出距离与下半夹钳相比，长出约 3mm。

（二）故障原因分析

偏航制动器在动作过程中，刹车片磨损异常，刹车片摩擦部分或全部磨穿。为找到确切原因，对引起制动器故障的所有可能原因进行分析并逐个排除。经排查，刹车片本身质量问题、制动器内部存在卡涩、安装工艺不满足要求、偏航刹车盘表面存在尖利毛刺等因素均被排除。

由于偏航系统在偏航动作与不动作时压力不同，因此压力切换过程频繁。若在此过

程中某个部件工作异常或损坏，导致偏航正压力与阻尼压力异常增大，造成偏航制动所需力矩超出设计范围，则容易加速刹车片磨损。此项因素需要仔细排查。

偏航正压力与阻尼力过大的原因，一是系统压力增大导致，二是偏航时制动力未正常释放。对于第一个原因，若油管线路接错，会将主轴制动器压力和液压站系统压力作用于偏航制动器，从而造成偏航制动压力过大，但现场检查发现油管线路连接正确，该因素可以排除。对于第二个原因，由偏航制动器工作原理可知，偏航动作时，偏航制动压力释放是通过偏航压力控制释放电磁阀来实现，通过背压调节阀（稳压阀）将制动器压力降低至整定值。如果该控制回路不能正常工作，会导致制动器压力无法及时释放，从而增大偏航阻尼力与正压力。为验证问题原因，先后进行了多次试验。

首先进行背压试验，调整偏航背压调节阀（稳压阀），将偏航背压调整为 1MPa，进行手动偏航，发现偏航时制动器声响巨大，表明偏航动作时制动压力可能未释放。然后根据背压试验结果测试背压调节阀（稳压阀）是否失效，将液压站上的压力表拆至背压测量接口，手动合上控制偏航压力释放的继电器 52K3，观察表计显示数据，发现背压显示为 1MPa，表明背压调节阀（稳压阀）工作正常。最后验证偏航压力释放继电器 52K3 是否能正常工作，现场进行手动偏航测试，发现有异响声音，核对 52K3 继电器动作状态，发现无吸合声音，使用万用表测量发现 52K3 未得电，更换新的 52K3 继电器后，重新测试，偏航系统动作声音正常，能听到 52K3 有清晰的吸合声音，用万用表测量发现 52K3 得电。至此，故障原因确定，即偏航压力释放阀的控制继电器 52K3 失效故障，导致偏航正压力无法释放，进而加剧刹车片磨损。

（三）监督建议

该风电场风电机组偏航制动器刹车片磨损故障，根本原因在于机组偏航系统控制回路出现故障，偏航压力释放电磁阀 52K3 失效，偏航动作时不能正常释放压力，导致制动器刹车片磨损加剧。针对以上问题，提出如下建议：

（1）在控制回路中增加信号反馈点，引入制动器刹车片行程开关报警信号。当刹车片磨损到一定厚度时，行程开关将发出故障报警信号，风电机组自动进入故障停机模式，避免由于刹车片过度磨损而对风电机组产生不可逆转的损伤。

（2）将液压站压力信号接入风电机组主控制程序并引入保护系统，实时监控液压站的压力值信号。一旦出现压力过高的情况，信号反馈到主控制程序，风电机组自动进入故障停机模式。

（3）在风电场的日常运维检修中，应对制动系统中的刹车盘、刹车片及刹车间隙进行定期检查并详细记录数值，若发现刹车盘、刹车片的厚度低于允许值或刹车间隙高于允许值等缺陷，应及时更换。对制动系统的检查周期应尽量缩短，每次定检中均应包括相关内容，在发现上述数值变化速度过快时也应引起足够的重视。

第五章

风电机组偏航系统技术监督

风电机组偏航系统能够根据风向控制机舱转动，使叶轮始终处于迎风面，提高风电机组利用风能的效率。同时，偏航系统还可以提供必要的锁紧力矩，保证机舱稳定和机组安全运行。偏航系统的常见故障包括偏航错误、电缆自动解缆、扭缆达到最大值、偏航测速传感器故障、偏航传感器方向故障、偏航电机刹车故障及偏航电机热继电器故障等。偏航系统性能好坏对风电机组捕获风能的能力影响很大，是风电机组高效利用风能、保持安全稳定运行的关键。因此，对偏航系统进行技术监督非常必要。

本章首先对偏航系统进行介绍，简要说明其工作原理及作用，然后详细介绍了对偏航系统进行技术监督的内容以及在实际运行中存在的常见问题，最后根据典型故障案例，深入分析发生故障的原因，并从技术监督的角度给出相关处理建议。

第一节 偏 航 系 统 简 介

偏航系统主要由控制系统、偏航电机、偏航减速器、偏航制动器、风传感器、偏航编码器、偏航轴承、偏航制动盘等组成，如图 5-1 所示。

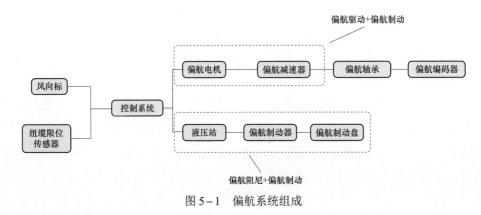

图 5-1　偏航系统组成

偏航系统一般有主动偏航和被动偏航两种形式。被动偏航依靠风的力量通过相应的结构完成风电机组风轮的对风动作，常见的形式有尾舵、舵轮和下风向等；主动偏航采用电力或液压拖动等来实现对风动作，常见的形式是齿轮驱动齿圈。典型主动偏航系统结构如图 1-5 所示。

风向传感器测得风向信号后，将信号传送至偏航控制器，由偏航控制器判断是否执行偏航动作及偏航方向，再将动作指令下发至偏航执行机构，控制风电机组叶轮对风。当检测到叶轮已处于最大迎风面时，偏航制动器刹车，偏航停止。偏航计数器是记录扭缆圈数的装置，风机朝某方向偏航圈数达到设定的最大值时，偏航控制器会根据设定值的等级及风速信息执行不同等级的偏航指令，如强制解缆等。

根据偏航系统的工作原理，可将偏航控制分为四个过程，即 90°侧风、强制解缆、手动偏航、自动偏航，如图 5-2 所示。

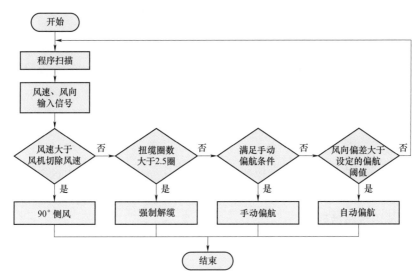

图 5-2 偏航系统控制流程图

1. 90°侧风模式

风速仪检测到风速超出机组切出风速值时，为防止出现飞车、倒塔等严重安全运行事故，偏航系统控制风电机组进行 90°侧风，是对风电机组的一种保护模式。

2. 强制解缆模式

风电机组偏航的转动圈数是有限的，若转动圈数超过限值而不停止，机舱中的电缆会缠绕到一起，进而引发安全事故。强制解缆模式是偏航系统为防止扭缆而设置的强制解开电缆的功能。通过偏航计数器监测扭缆圈数，根据扭缆圈数判断是否需要强制解缆。当扭缆圈数达到最大设定值时，偏航电机启动进入强制解缆模式。如果强制解缆失效，就会触发解缆故障，风机将自动停机，须由维护人员手动解缆。

3. 手动偏航模式

手动偏航模式是自动偏航失效、风电机组维护、偏航测试等情况下需要手动操作的偏航控制。手动偏航有机舱控制柜手动操作（权限最高）、塔基本地面板操作以及电脑远程操作（权限最低）三种方法。

4. 自动偏航模式

自动偏航模式是风电机组在正常运行风速范围内，机舱和来风向偏差角度超过设定值时自动偏航激活，偏航执行机构动作使风轮对风。

 ## 第二节　监督内容及设备维护

一、技术监督常见问题

1. 偏航错误

偏航误差超过一定角度时，即为偏航错误。发生该故障时风机不会停机，仍处于运行状态。但若通过远程操作重复复位，会导致偏航误差越来越大，进而引发更严重的故障。

2. 扭缆

电缆自动解缆失败，电缆过度扭曲。该故障属于较严重故障，不得重复复位，否则会引发更加严重的故障。

3. 偏航测速传感器故障

偏航停止不能正常偏航。原因可能是偏航控制器接收端子上没有脉冲信号，也可能是端子损坏、偏航传感器损坏、控制回路断线等。

4. 偏航传感器方向故障

传感器报偏航方向信号有冲突，偏航方向与感应传感器旋转方向错误，终端信号与主控制器计算顺序错误。

5. 偏航电机刹车故障

偏航电机刹车热继电器报"过电流"故障，无法正常制动。

二、技术监督内容

偏航系统技术监督内容主要包括设计安装阶段和运行维护阶段两部分，详细技术要求内容见表5-1。

表 5-1　　　　　　　　　　　　偏航系统技术监督内容

监督阶段		监督检查内容
设计安装阶段		偏航系统设计应符合 JB/T 10425.1—2004《风力发电机组偏航系统　第 1 部分：技术条件》和 GB/T 18451.1—2022《风力发电机组　设计要求》的要求，且应采用失效安全设计
		偏航系统调试时期检验项目应按照 JB/T 10425.1—2004《风力发电机组偏航系统　第 1 部分：技术条件》的规定，进行包括外观检验、偏航动作测试、偏航转速测试、偏航定位精度测试、偏航阻尼测试、偏航制动力矩测试、解缆动作测试在内项目的检验，测试方法按照 JB/T 10425.2—2004《风力发电机组偏航系统　第 2 部分：试验方法》的规定进行
运行维护阶段	外观检查	检查偏航减速箱外观是否完好，油位是否正常，有无渗漏情况，运行中声音是否正常
		检查偏航电机外观是否完好，运行中的声音是否正常，电机接线盒接线是否牢固
	油路检查	检查回油管接头是否紧固，回油管路是否清洁
		风电机组偏航系统润滑油脂的选用及质量指标参见第四章第二节中技术监督内容中关于润滑油脂的部分
	机械检查	检查自动解缆装置运行是否正常，偏航计数器和扭缆开关是否固定牢靠，扭缆支架及防护措施是否到位以及电缆是否有缠绕、绝缘皮磨损情况
		检查偏航接地碳刷是否导通，是否需要更换，更换记录是否齐全、完整
		检查刹车钳钳体与制动盘间隙是否正常，是否存在渗漏现象
		检查偏航刹车系统刹车盘上有无油脂，刹车盘和刹车片厚度是否正常以及更换记录
		检查偏航轴承外部密封情况，有无渗漏，偏航外齿齿圈有无磨损及锈蚀，齿轮表面有无损坏和锈蚀
		检查偏航系统螺栓是否紧固，螺栓有无松动、锈蚀

三、设备维护

（1）偏航齿圈表面润滑油维护。检查偏航齿圈表面是否有润滑脂覆盖，如图 5-3 所示，在自动润滑系统失效情况下可采用手动抹油的方式补充润滑脂。没有集中自动润滑系统的机组需要手动抹油。手动涂抹前应清理杂物再手动涂抹油脂，涂抹不到的部位（齿轮与齿圈啮合处）需要偏航后涂抹，涂抹应均匀。

图 5-3　偏航齿圈表面润滑油

（2）偏航卡钳固定螺栓、偏航驱动连接机架螺栓锈蚀、损坏维护。偏航卡钳固定螺栓外观有锈蚀、损坏情况，参考叶片维护中螺栓除锈及修补防腐方法，如果损坏立即停机，更换损坏螺栓。

（3）自动润滑系统维护。偏航系统渗漏油包括偏航驱动漏油、偏航轴承密封漏油、偏航润滑分配器渗漏油。

1）偏航驱动漏油。一般是由各加油点及排油点的丝堵密封垫损坏或丝堵没拧紧导致的漏油。偏航驱动加油点或排油点漏油，应拆下加油点或排油点的丝堵，丝堵的密封垫如损坏，应立即更换。

偏航驱动各级箱体连接部位的密封圈损坏或密封胶涂抹不均也可造成漏油（偏航驱动厂家有用密封圈密封的，也有用密封胶密封的）。偏航驱动箱体连接部位漏油处理应先排出偏航驱动里的齿轮油，把漏油部位的连接箱体拆除、分解，并清理箱体连接表面，清理时要防止表面脏物掉落齿箱内，更换密封圈或重新均匀涂抹密封胶，恢复箱体后加油。

偏航驱动输出端由于输出轴锁紧螺母经过长时间运行松动，风机偏航时，造成驱动齿轮摆动，驱动轴挤压油封，也可造成漏油。偏航驱动输出端漏油处理应拆除偏航电机，排出偏航驱动齿轮油，依次拆除各级驱动箱体并取出各级变速齿轮，重新锁紧偏航驱动输出轴的锁紧螺母，并把防松机构重新卡死，防止操作避免损伤轴承，避免脏物掉进轴承。恢复各级变速箱体及内部变速齿轮，并把密封圈或密封胶重新装好涂抹防止漏油。

2）偏航轴承密封漏油。偏航轴承设计有排油性能，一是采用上密封排油结构，油脂均匀排除后堆积在轴承内圈端面或接油盘局部端面，定期擦拭、清理即可；二是采用变桨轴承的排油结构，通过排油口排油。

偏航轴承密封漏油、排油口结构密封漏油一般是因为自动润滑系统油路存在不通部位，造成局部注油量过大，排油孔内部油脂流动性差而无法排油，引起偏航轴承密封鼓包、松动、老化、断裂。应定期清理自动润滑系统油路，如偏航轴承损坏应更换。

3）偏航润滑分配器渗漏油。一般是因为分配器油管破裂、插头损坏、连接分配器壳体内部胀丝损坏、分配器堵塞导致漏油。

分配器油管破裂，若油管预留长度足够，可将油管从破裂处剪断，重新与分配器连接；若长度不够，应更换新油管；插头损坏应直接更换；连接分配器壳体内部胀丝损坏应更换胀丝，更换胀丝时应控制好力度，避免人为损坏胀丝；分配器堵塞导致漏油，可启动润滑泵依次松开主分配器各出油口，若有油脂从主分配器的各出口流出，则说明主分配器未发生堵塞，将主分配器与二级分配器连接，松开二级分配器出油口，若油脂从二级分配器出口流出，则说明该分配器未发生堵塞。分配器堵塞后可使用油枪连接至分配器进油口，快速打油建立压力，将分配器冲开，如无法恢复应更换分配器。

（4）齿轮间隙测量及维护。偏航小齿轮与偏航减速箱连接在一起，与同一个偏航齿圈啮合。为使偏航位置精确且无噪声，应定期检查啮合齿轮的间隙，若不满足要求，应将要调的驱动齿转到偏航齿圈并做标记，拆除驱动电机以及主机架与偏航减速箱的连接螺栓，缓慢调节到合适的间隙，以规定的力矩紧固螺栓。

（5）扭缆开关和偏航编码器维护。重新校准扭缆开关，扭缆的零点为电缆自然垂直状态。需要设定圈数，应按照厂商要求设定极限圈数和安全链圈数。根据偏航齿整圈齿数和扭缆开关齿轮齿数，计算纽缆开关转一圈相对风机偏航的角度，设置极限角度和安全链动作角度。

（6）偏航减速箱维护。偏航减速箱油位低于厂商要求时，应对减速箱油进行加注。偏航减速箱油品应定期检测，确定是否需要更换，更换时应加注同一型号润滑油，若偏航减速器长时间停机，放油前应启动偏航电机一段时间后再停机放油，排出内部可能存在的沉积物，放油完成后，向偏航减速箱内加入压缩空气，将残余油液排出。用少量新油或者润滑油厂家推荐的冲洗油对偏航减速箱进行冲洗，注油应达到厂商要求的油位。

（7）偏航制动系统检查及维护。刹车钳钳体与制动盘间隙应调整到厂商要求的正常间隙范围内；处理偏航刹车钳漏油处；偏航刹车钳磨损检测装置报警或刹车片材质厚度低于厂商要求时，应更换偏航刹车片；刹车盘表面的高点、划痕应分析确定原因，并进行打磨处理，对锈蚀处进行除锈处理，可用冷镀锌气雾剂进行保护，刹车盘厚度低于厂商要求时，应更换偏航刹车盘。

（8）偏航系统螺栓力矩维护。检查偏航刹车钳、偏航轴承连接到机架、偏航驱动连接机架、偏航扭缆开关齿轮支架连接等螺栓力矩，按照厂商要求，维护到额定力矩值。

第三节　典型案例分析

一、风电机组偏航振动及噪声故障分析

（一）故障概况

某风电场风电机组偏航系统未采用四点接触球轴承配套液压卡钳制动的主流偏航结构，而是采用滑动轴承配套机械卡钳阻尼的结构形式。经过多年的运行后，风电机组偏航振动与噪声缺陷突出，机组非正常振动导致机组内部结构松动、电气接触不良、齿轮箱振动磨损、集电环打火等，严重影响设备的安全可靠运行。

滑动轴承机械卡钳装配结构如图 5-4 所示，大齿圈与塔筒顶部连接固定，偏航机械卡钳与机舱主机架连接，机组通过大齿圈顶部的饼式滑动衬垫、底部的饼式阻尼衬垫及侧边的板式衬垫实现机舱连带卡钳的偏航动作。大齿圈顶部偏航滑动衬垫用于机舱支撑及偏航旋转，大齿圈底部偏航阻尼衬垫通过调整螺栓调节碟簧压缩量控制偏航阻尼力矩。

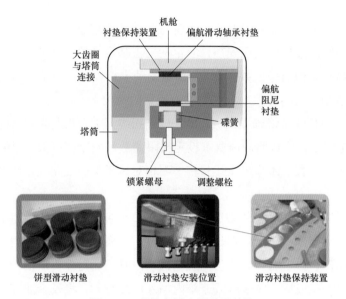

图 5-4　偏航机械卡钳装配结构

（二）故障原因分析

　　分析偏航滑动轴承机械卡钳分布，偏航滑动饼型衬垫及其固定板在大齿圈顶部呈不均匀分布，容易造成偏航滑动衬垫受力不均。这种偏航布局设计对滑动轴承及其衬垫材质要求较为苛刻，同时也对偏航电机制动器的制动力矩提出较高要求。偏航振动及噪声多与滑动衬垫选型不当及状态劣化相关。

　　在机组偏航过程中，滑动衬垫表面看似光滑，微观上实则凹凸起伏。如图 5-5 所示，上侧曲线为机组偏航过程中偏航摩擦力理想状态，下侧曲线为偏航摩擦力实际状态。机舱通过大齿圈顶部偏航轴承滑动衬垫进行偏航转动，由于偏航速度较低，即使偏航电机保持匀速驱动，滑动面间静摩擦转变为动摩擦的断续运动仍会出现，这种断续运动称

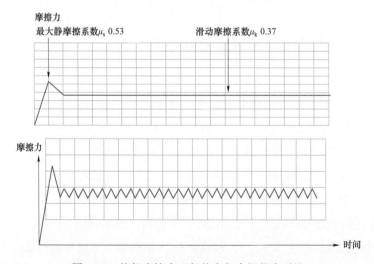

图 5-5　偏航摩擦力理想状态与实际状态对比

为摩擦振动，也称黏滑振动。

由于滑动衬垫动摩擦系数与静摩擦系数的差值，导致偏航过程中的驱动力与摩擦力对比状态不断变化，偏航振动及噪声随之出现。因此，摩擦振动的根本原因是偏航过程中摩擦系数的不断改变。滑动表面粗糙度、滑动衬垫的动静摩擦系数差值以及摩擦材料的耐油性能，是决定这种滑动轴承配套机械卡钳形式机组偏航振动与否的关键。

通过偏航振动机理分析，梳理该机组偏航振动及噪声故障原因，主要包括以下几方面。

1. 滑动衬垫选型问题

滑动衬垫动态与静态摩擦系数差值过大，动摩擦系数低于静摩擦系数超过 20%，导致偏航过程中的摩擦振动；摩擦材料抗压强度低，机组长期运行，滑动衬垫状态恶化，导致衬垫断裂、压溃；摩擦材料无自润滑性能，摩擦面间凹凸卡扣冲击，造成滑动过程中卡涩；机组泄漏油污沾染滑动面，滑动衬垫材质不耐油，遇油后摩擦系数急剧下降。

2. 偏航齿圈损伤问题

偏航大齿圈阻尼面及滑动面油污、磨屑及锈蚀，未及时进行清理维护，长期运行碾压在滑动表面形成光釉面，影响摩擦系数及造成表面刮伤及划痕。

3. 偏航机械卡钳问题

偏航卡钳在大齿圈圆周上不均匀分布，各偏航卡钳阻尼调节螺栓偏差，造成阻尼力矩不平衡。

4. 偏航电机制动器问题

偏航停止状态下偏航电机端部制动器制动盘间隙大，导致制动力矩不足；偏航过程中偏航电机制动器未有效脱开，造成偏航过程中驱动力不足。

（三）监督建议

针对风电机组偏航振动及噪声故障，建议风电场采取措施平衡偏航卡钳力矩，调整时应确保各偏航卡钳阻力调节的一致性。还应采取措施封堵机组漏油点，增加刮油板及接油盘等辅助装置，并及时进行清理，避免油液泄漏至齿圈表面，造成滑动衬垫状态恶化。对于偏航衬垫磨损严重的机组，直接更换新的滑动衬垫；对于偏航大齿圈滑动面经打磨、防油处理后仍有异常噪声及振动机组，也应更换符合要求的滑动衬垫。应选用耐磨性好、摩擦系数稳定、耐油、不含金属成分的新材料偏航衬垫。更换后需确保偏航机械卡钳顶部滑动衬垫、底部阻尼衬垫、侧面衬垫与偏航齿圈的间隙在允许的范围值。此外，在偏航齿圈滑动面涂抹润滑脂也可有效减轻偏航过程中的振动和噪声。

在该型风电机组的运行维护方面，应关注偏航齿圈和齿轮表面粗糙度，定期检查表面有无磨损及锈蚀，及时对齿圈滑动表面进行油污清理，清理齿圈表面的残余油渍及磨屑等，并对齿圈滑动面的划痕及损伤及时进行修复。风电场还应该定期检查偏航系统齿侧间隙及偏航驱动紧固状态，对高强度螺栓预紧力矩进行检查维护；定期检查偏航刹车系统刹车盘上有无油脂，刹车盘和刹车片厚度是否正常以及更换记录；定期检查刹车钳钳体与制动盘间隙是否正常，是否存在渗漏现象。若对偏航系统进行技术改造，完成后需对机组内部受偏航振动引起的结构件及电气元件连接松动、啮合单元磨损等进行维护保养，如检查偏航电机外观是否完好、运行中的声音是否正常、电机接线盒接线是否牢固等。

二、风电机组偏航过度扭缆故障分析

（一）故障概况

某风电机组在风速 2.0m/s 左右时报出"扭缆传感器故障"停机，机组主控检测发现偏航扭缆圈数绝对值大于 2.2 时触发该故障。现场检修人员查看故障信息时发现扭缆圈数为 −2.21，而且扭缆圈数绝对值呈现逐渐增大的趋势。检查机组主控偏航下发值，发现在主控没有下发偏航要求的情况下，风机擅自执行偏航动作，已处于失控状态。此时，虽然机组处于停机状态，但仍在持续偏航，扭缆圈数已达到 −4.17 圈。

检修人员立即断开机舱 400V AC 供电电源，强制停止偏航。登机检查顶层塔筒马鞍桥处定子电缆，发现定、转子电缆严重扭曲，呈麻花状，如图 5−6 所示。检查机舱控制柜内电气元件发现偏航接触器 52K8 处于吸合状态，进一步发现偏航接触器 52K8 接触器主触点粘连，且不能有效断开。检修人员更换了 52K8 偏航接触器，将偏航手动解缆至 0°，未发现电缆有明显表皮破损情况，对定子电缆逐根进行核相、绝缘测试，暂未发现明显异常，随即启机运行。

 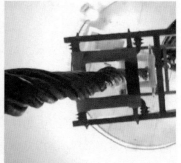

图 5−6　定转子电缆严重扭曲

此次事件若无人为干预，风机将持续偏航，导致定子电缆因严重扭缆而表皮破损，进而造成电缆扭断，直至机舱 400V AC 电源失电，偏航才会停止，严重时可能会因电源短路导致整机着火事故。

（二）故障原因分析

1. 偏航接触器粘连

偏航严重扭缆的根本原因为偏航接触器触点粘连。由于风电机组在正常运行时需要时刻对准主风向，精确偏航，故机组偏航次数十分频繁。偏航过程中会产生陀螺力矩，频繁启停会使偏航系统中的关键部件产生疲劳损伤和寿命损耗，经过长期疲劳累积，最终导致突发故障。经查询，该台机组 SCADA 记录 52K8 偏航接触器动作次数已达 60 万次。

接触器触头粘连是一种比较严重的故障，触头粘连会造成机器失控，甚至会造成机械事故和人身事故的发生。造成接触器触头粘连的原因很多，如接触器安装不妥、选型错误、负荷过大、触头容量过小和电源电压偏低等。经现场拆解发现，本次故障原因为接触器电源线接触不良，且电源线已有烧熔痕迹，导致接触器电源电压偏低，触点分离时熔焊粘连。

2. 偏航接触器触点粘连后持续偏航不停止

查看风电机组主控电气图纸（见图 5-7），400V AC 电源经 13F3/13S3/52K8/13F2 后直接到达偏航电机。当风电机组需要偏航时，52K8 接触器吸合，偏航电机动作驱动

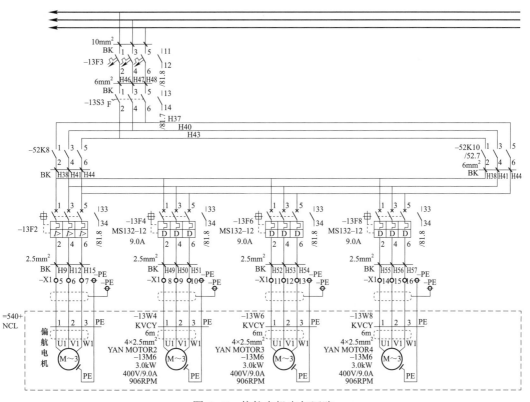

图 5-7　偏航电机电气回路

机舱对风。正常情况下，若机组偏航圈数超过设定值，偏航扭缆传感器会触发偏航极限（±2.2圈）故障，主控系统收到反馈后会切断52K8接触器，断开偏航电机电源，使机组停止偏航。但由于52K8接触器触点粘连，故主控系统无法有效断开52K8接触器，偏航电机仍是通电状态，机组仍会持续偏航，从而导致偏航扭缆。即使风机故障停机，只要不断开400V AC电源，偏航仍会持续进行。

3. 偏航电机是否能在偏航卡钳执行制动的情况下继续动作

偏航制动器的作用在于，当偏航动作达到一定角度时提供刹车力矩，使风轮处于最大迎风面位置。同时，在正常运行过程中提供必要的力矩，防止机舱因风载荷的变化发生转动。故障时，偏航电机刹车处于打开状态，但是偏航刹车卡钳为刹车状态，需对偏航电机是否能在偏航卡钳液压刹车情况下继续动作、偏航开关是否应热保护跳闸进行验证。

偏航系统设计要求：偏航工况下，偏航驱动克服偏航残压刹车器力矩后等效的最大力矩应大于极限载荷，以便偏航能够启动；偏航刹车器所提供的刹车力矩与偏航电机提供的制动力矩总和应大于塔顶极限风载扭矩，以便非偏航状态下机舱保持不动。

折算到偏航轴承上的偏航电机驱动力矩为偏航电机数量×偏航电机额定转矩（N·m）×传动比×偏航小齿轮个数÷偏航大齿轮个数，即 $4×30×1334.3×120÷12=1601.16\ \text{kN}\cdot\text{m}$。

故制动力矩为制动器数量×制动力（N）×［制动盘直径（m）−边缘间隙（m）］÷2，即 $6×182880×（2.5−0.1）÷2=1316.736\ \text{kN}\cdot\text{m}$。

因偏航驱动力矩折算到偏航轴承上的力矩为 $1601.16\ \text{kN}\cdot\text{m}$，大于液压卡钳制动力矩的 $1316.736\ \text{kN}\cdot\text{m}$，故只有液压卡钳刹车的情况下，偏航电机仍能继续动作，偏航回路开关不会发生热保护跳闸现象。

（三）监督建议

针对52K8接触器电源线接触不良问题，风电场检修人员对风机所有电机接触器进行逐一检查，彻底排除线路接触不良现象。为防止此类故障重复发生，应从风电机组控制逻辑方面进行优化，使得即使在52K8接触器触点发生粘连的情况下，机组主控也能够主动切断偏航电机400V AC电源，强制断开偏航电机回路，进而避免偏航电缆严重扭缆事故。

偏航扭缆极限故障触发后，检修人员必须登机检查主电缆是否扭缆磨损，手动偏航解缆并核查无异常后，方可复位启机运行。在日常运行维护中，风电场应定期检查自动解缆装置运行是否正常，偏航计数器和扭缆开关是否固定牢靠，扭缆支架及防护措施是否到位以及电缆缠绕、绝缘皮磨损情况。

三、风电机组偏航误差分析

（一）故障概况

风电机组偏航控制的风向信号来自机舱上方风向标，风电机组实现正确偏航的前提是保证风向的准确性。由于风向标受风轮转动影响，采集的风向值与实际值之间存在一定偏差，影响风电机组的发电量。偏航误差大小对风电机组功率有很大影响，如表5-2所示。

表5-2　　　　　　　　风电机组功率下降比例与偏航误差关系

偏航误差（°）	功率下降比例（%）	偏航误差（°）	功率下降比例（%）
4	0.7	12	6.4
6	1.6	14	8.6
8	2.9	16	11.2
10	4.5		

（二）偏航误差测试数据分析

激光偏航误差校正是利用激光测风设备射出的激光束，检测到风电机组前未受干扰风的风速与风向，从而准确地测量偏航误差。本案例中，风电场使用该方法获得风电机组的平均偏航误差，并据此对风电机组进行偏航修正。

以风力发电机功率曲线为基础，选取7台测试风电机组对比偏航修正前后的发电功率及发电量变化的方式进行效果评估，同时选择1台运行功率系数和尖速比与设计状态最为接近的风电机组作为标杆风电机组。

以最优运行状态为例，通过对8台风电机组的历史数据分析，风电机组在最优运行状态下的功率系数 C_p 和叶尖速比（反映叶片攻角大小）如表5-3所示。

表5-3　　　　　　风电机组在最优运行状态下的功率系数和叶尖速比关系

风电机组编号	功率系数 C_p	叶尖速比
1	0.2	5.7
2	0.4	7.6
3	0.41	7.7
4	0.31	7.1
5	0.34	7.4
6	0.3	7
7	0.29	7
44（标杆机组）	0.48	8.1

由表 5-3 可知,标杆风电机组功率系数为 0.48,符合设计值及正常的功率系数表现。而其余风电机组功率系数下降比较明显,原因可能是风电机组偏航对风不准、叶片桨距角偏离该风电场条件的最优设计值或测量风速偏高等。

如图 5-8 所示,1 号风电机组 SCADA 风速与激光雷达风速的同步性正常,说明 SCADA 数据的时间和激光雷达记录的时间是一致的,因此可以利用时间一致性,在计算偏航误差时进行数据过滤。

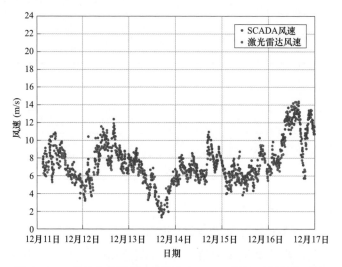

图 5-8 1 号风电机组激光雷达与 SCADA 风速时间分布对比

由图 5-9、图 5-10 及表 5-4 可知,测试风电机组的测风仪普遍存在比较明显的对风偏差,应对测风仪进行系统标定。根据激光雷达测量偏航误差分析结果,对 1 号风电机组进行偏航校准处理,偏航偏差调整 4.5°。

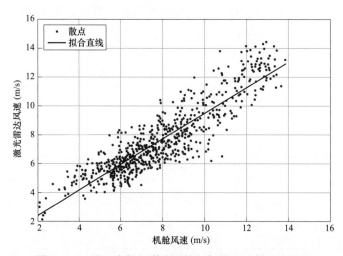

图 5-9 1 号风电机组激光雷达与机舱风速仪风速对比

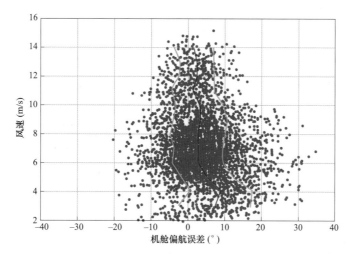

图 5-10　1 号风电机组机舱偏航误差分布

表 5-4　　　　　　　　　　1 号风电机组不同风速下的平均偏航误差

风速（m/s）	平均偏航误差（°）	风速（m/s）	平均偏航误差（°）
2.99	6.56	8.96	4.88
4.12	5.67	9.94	4.30
5.02	4.73	11.00	3.81
6.01	4.65	12.01	3.27
6.97	4.36	12.94	2.94
8.00	4.99	13.88	3.50

如图 5-11 所示，调整后，在相同风速下，1 号风电机组的发电功率增加量有所波动，但整体呈增加趋势，各个风速段的平均发电功率增加率为 -1%～5.4%。通过理论发电量核算，调整前理论发电量为 4554kWh，调整后理论发电量为 4634kWh，发电量

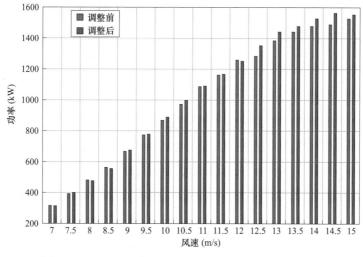

图 5-11　1 号风电机组在调整前后发电功率对比直方图

增加率为 1.8%，且不同风速下的功率系数变化明显。

7 台测试风电机组进行偏航误差调整后，风电机组发电量均有了一定提升，如表 5-5 所示。

表 5-5   测试风电机组和标杆风电机组发电量提升对比

测试风电机组编号	发电量提升率（%）	标杆机组发电量提升率（%）	发电量提升率相对变化（个百分点）
1	1.8		1.3
2	3.0		2.5
3	1.8		1.3
4	2.1	0.5	1.6
5	1.7		1.2
6	1.9		1.4
7	3.1		2.6

（三）监督建议

对于投运时间较长的风电场，出现因偏航偏差引起发电效率下降问题的概率较大。因此，建议风电场加强对偏航系统中风向采集装置的关注与维护，发现偏航误差较大时应及时进行校准，必要时通过技术改造进行更换。

第六章

风电机组控制系统技术监督

风电机组控制系统是风电机组的重要组成部分,属于综合控制系统,通过计算机控制技术实现对风电机组运行参数、工作状态的监控、显示以及故障处理,保障风电机组安全可靠运行,高质量地将不断变化的风能转化为频率、电压稳定的交流电送入电网。同时,利用计算机智能控制技术实现风电机组自动启动、软切入自动并网及功率优化控制。风电机组控制系统贯穿机组构成的各部分,控制系统控制内容包括信号的数据采集、处理,变桨控制、转速控制、自动最大功率点跟踪控制、功率因数控制、偏航控制、自动解缆、并网和解列控制、停机制动控制、安全保护系统、就地监控、远程监控等。风电机组控制系统可分为安全系统、主控系统、变流器及通信系统等,其可靠性直接关系到风电机组的工作状态、发电量以及人员和设备的安全。

本章首先对风电机组控制系统各组成部分的工作原理及作用进行简要介绍,对其技术监督的内容以及在实际运行中存在的常见问题进行详细说明,最后根据典型故障案例展开故障原因分析,并从技术监督的角度给出相关处理建议。

第一节 控 制 系 统 简 介

一、安全系统

在风电机组控制系统中,安全系统是确保风电机组安全的最高层的防护措施。风电机组安全系统也称安全链系统,是一种独立于计算机系统的软硬件保护措施。它采用反逻辑设计,将风电机组造成严重损害的故障节点串联成一个回路,一旦其中一个节点动作,会引起整个回路断电,机组进入紧急停机状态,并触发主控系统安全链、偏航系统安全链、变桨系统安全链和变流系统安全链进入失电闭锁状态,从而最大限度地保证机组的安全。如果故障节点远程或就地复位无效时，风电机组一直维持在安全状态，避免风电机组在故障状态下进入正常运行操作状态。同时，安全链是整个机组的最后一道保护，处于机组的软件保护之后。

风电机组的安全链十分重要，在逻辑上，安全链系统的等级比控制系统高，如果出现比较大的故障，安全链系统优先执行，保证设备安全动作，确保风力发电设备处于安全状态。安全链一般分为一级安全链和二级安全链，一级安全链是主控制系统的安全保护装置，二级安全链是变桨系统的安全保护装置。安全链系统主要由复位按钮、并网接触器、主断路器、发电机超速模块、叶轮超速模块、振动开关、变桨柜急停按钮、主控制柜（塔底柜）急停开关、机舱急停开关等九个节点组成，串联到主控柜里中的安全继电器中，安全继电器是机组安全链系统的核心部件，是安全链系统的执行机构。风电机组正常运行状态下，整个安全链系统带 24V 电，如机组某个部件出现故障，与它所对应的节点断开，安全链失电，同时由安全继电器控制的 230V 供电回路失电，整个电磁阀回路和 230V 回路中的交流接触器失压，机组进行紧急刹车。过程中每个节点的闭合和断开都有信号传到数字量输入模块中，由信号指示灯来显示各个节点的状态，维护人员可通过各节点状态判断风电机组运行准固态和分析故障原因。

二、主控系统

风电机组主控是通过采集风电机组运行和工作环境信息，保护和调节风电机组，使其保持运行在工作要求范围内的系统，是大功率风电机组的核心和关键部件，也是风电机组控制系统的主体，主控系统的控制功能对风电机组运行状态和各部件进行实时监控，根据风能的变化调节功率输出，在无故障情况下，实现自动启动、自动调向、自动调速、自动并网、自动解列、故障自动停机、自动电缆解绕及自动记录与监控等重要控制、保护功能，并在故障状态下根据故障的严重等级执行不同等级的停机操作，保证风电机组的安全性。

主控系统对外的三个主要接口系统为监控系统、变桨控制系统以及变流系统（变流器）。主控系统与监控系统接口实现风电机组实时数据及统计数据的交换，与变桨控制系统接口实现对叶片的控制、最大风能捕获以及恒速运行，与变流系统（变流器）接口实现对有功功率以及无功功率的自动调节。风电机组主控系统与整机的关系如图 6-1 所示。

主控系统主要构成部件包括塔基控制柜和机舱控制柜，塔基控制柜位于风电机组底层，机舱控制柜位于风电机组机舱内。

（一）塔底控制柜的主要功能

（1）运行所有的控制程序，包括数据运算和数据统计功能，发送风电机组各设备的启停指令。

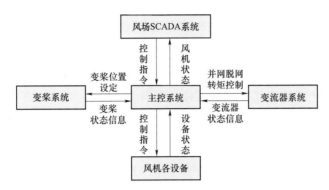

图 6-1 控制系统与整机的关系

（2）实现电网的监控，包括电网电压、电流、频率、功率因数、三相均衡等监控，对过电压与欠电压、过电流与欠电流、过频与欠频、功率因数偏离正常值、电压缺相等故障发出报警及停机指令。

（3）通过柜门上的人机界面实现对风电机组的各种控制。

（4）实现与机舱柜、变流器、中控室直接的通信，并支持多种通信方式。

（二）机舱控制柜的主要功能

（1）实现对风速、风向、塔筒振动频率、主轴转速、发电机温度、齿轮箱温度、润滑油温度、机舱内温度等各种参数的监控。

（2）控制机舱内加热设备和冷却设备的启停，实现与变桨系统、塔底柜的通信。

三、变流器

变流器是风电机组中的核心部件，是控制风电机组输出功率至电网的重要环节，主流风电机组有双馈型和直驱型两种形式。作为风电机组中价值最高、结构最复杂、功能最重要的部件之一，变流器故障可能导致整个风电机组系统运行中断，甚至引发重大的安全事故和经济损失。由于风速的不稳定性、运行环境恶劣等原因，相比于一般工业变流器，风电变流器输出功率随机波动性大，可靠性明显低于一般工业传统变流器。风电机组变流器主要由主电路和控制电路两大部分组成，如图 6-2 所示。

图 6-2 风电机组变流器的基本组成

图 6-2 中整流电路的任务是将交流电变成直流电，其主要作用是对风电机组发出的交流电能进行整流，同时给逆变电路和控制电路提供所需直流电源。按控制方式，整

流电源可以是直流电压源，也可以是直流电流源。

直流中间电路的作用是将整流电路输出的直流电进行平滑，以保证逆变电路和控制电源得到质量较高的直流电。当整流电路是电压源时，直流中间电路的主要元器件是大容量的电解电容；当整流电路是电流源时，直流中间电路主要由大容量电感组成。此外，直流中间电路可能还包括制动电阻及其他辅助电路。

逆变电路是将直流电变成交流电的电路，其主要作用是在控制电路的控制下将平滑电路输出的直流电源转换为幅值、频率、相位与电网一致的交流电。

图 6-3 所示为直驱和双馈风电机组并网结构图，其中，直驱风电机组的并网接口采用两个换流器组成的背靠背变频结构，而励磁电流由机组内部的永磁体提供，不需要外部电源提供励磁电流。双馈风电机组的并网接口由两部分组成，转子回路和电网经过换流器的背靠背变频结构连接，而定子直接接入电网。

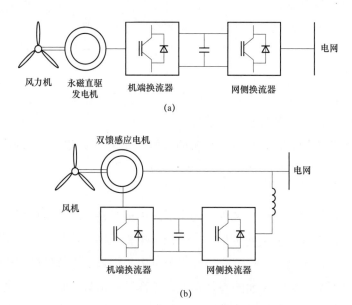

图 6-3　直驱和双馈风电机组并网结构
(a) 直驱风电机组；(b) 双馈风电机组

四、通信系统

风电场运行、控制、维护及并网设备数量多，数据采集传输信息量大，需要功能强大、性能稳定的通信系统支持。根据通信系统所处位置和功能不同，风电机组通信系统可分为内部控制通信系统和外部监控通信系统两部分。内部控制通信系统主要包括 IO 模块的数据上传与下载、塔基与机舱间的通信、变流器控制的通信和轮毂变桨控制与主控的通信等；外部监控通信系统分为远程监控通信系统和本地监控通信系统，本地监控通信系统主要用于工程师或者维护人员对风电机组进行相关工作操作，而远程监控系统是通过距离风电机组很远的风电场集控客户端实现风电机组运行数据监测和控制。

数据采集与监视控制（supervisory control and data acquisition，SCADA）系统是基于计算机的生产过程控制与调度自动化系统。在风电场通信过程中，SCADA 系统能现场或远程监控风电设备的性能，并通过实时分析风电场传回的数据，对风电机组的运行情况进行总结和报告。如图 6-4 所示，风电机组远程监控系统一般由下位机（现场微处理控制器）、通信线路和协议、上位监控机（工控 PC 机和服务器）以及网络监视机等部分组成。远程监控系统的原理是：以计算机为基础，利用移动互联网、云计算、大数据技术，将远方的风电机组控制系统和监测系统的运行数据实时采集并传输到远程监控平台，实现风电场对风电机组实时监视和集中控制。

图 6-4　远程监控系统组成

为实现上述功能，下位机控制系统应能将下位机的数据、状态和故障情况通过专用的通信装置和接口电路与中央监控室的上位计算机通信，同时上位机能传达对下位机的控制指令，由下位机的控制系统执行相应动作，从而实现远程监控功能。风电机组远程监控系统各组成部分功能如下：

（1）下位机。下位机一般为现场微处理控制器，常用的有 PLC、DSP 等，可完成 SCADA 系统中数据采集和数据处理功能。下位机可设定风电机组参数，控制风电机组状态。每台下位机都能通过专门的通信接口实时向上位机传送风电机组的状态、数据、故障信息等。

（2）通信线路和协议。在远程系统中，上位机与下位机之间的通信属于远距离一对多通信。当前常用的方式有电流环、RS485、Modem 拨号等，通信线路有电缆、光纤和 GPRS 无线网络等。

（3）上位监控机。上位机是指位于风电场监控室的工控 PC 机和服务器。一台上位机可同时监控多台下位机，可以在上位机实现 SCADA 系统的各种监控功能。从下位机传来的风电机组状态和数据，经上位机分析整理后，以图表等形式实时显示到人机界面，供工作人员查看；并保存到数据库中，作为历史记录，便于以后查询调用。

（4）网络监视机。将远程监控界面发布到 Internet 网络，可供风电场相关部门或上级随时随地查看风电场运行状况。

第二节　监督内容及设备维护

一、技术监督常见问题

（一）安全系统

安全系统以"失效–保护"原则进行设计，即当控制失败、内部或外部故障导致机组不能正常运行时，系统安全保护装置动作，确保机组处于安全状态；当出现超速、发电机过载故障、过振动、电网、负载丢失及脱网时的停机失败等现象时，系统自动执行保护功能。保护环节为多级安全链互锁，在控制过程中具有逻辑"与"的功能，而在达到控制目标方面可实现逻辑"或"的结果。下面就几种常见的安全链故障现象及原因进行分析。

1. 急停开关故障

急停无反馈信号输入控制模块中，指示灯是熄灭的，重复按主控柜（塔底柜）上的复位按钮无法复位。

2. 偏航开关故障

在风电机组运行过程中，偏航系统达到扭缆条件，扭缆保护装置未启动，左右偏航开关触动，安全链断未断开，机组无法进入紧急停机状态。

3. 叶轮过速故障

安全链失电，机舱柜内输入模块上过速指示灯熄灭，机组紧急刹车停机。

4. 发电机过载故障

安全链失电，机舱柜内输入模块上过速指示灯熄灭，机组紧急刹车停机。

5. 振动开关故障

安全链失电，在输入模块上振动指示灯熄灭或控制柜显示屏上看到安全链节点信号是 0，振动传感器失效。

6. 变桨系统故障

主控系统的模块指示灯会熄灭，主控系统中的安全链节点信号是 0，主控系统报的故障一般是变桨驱动器故障。

7. 硬件回路问题

安全链系统几乎贯穿风电机组内部的所有回路,安全链所接设备较多,节点也较多,并且从机舱柜到轮毂内部的变桨柜需要经过滑环,而从滑环到变桨柜需要重载连接器。因此,在实际运行中,安全链连接回路上也经常出现问题。出现此类问题,只能对整个安全链回路进行检查。

(二)主控系统

风电机组的运行模式主要包括停机模式、待机模式、偏航对风操作、系统自检、空转、启动、并网运行、发电机高速待风模式、变桨操作。机组的各个模式都需要满足一定条件才能进行模式切换或返回。为保证机组在各个运行模式下或进行模式切换时都能安全运行,主控系统会根据控制逻辑控制风电机组执行不同的动作。主控系统常见故障如下:

(1)电压不平衡。在正常情况下,电网电压的幅值、频率和相位均可以看作是不变的,但风电系统是一个非线性延时系统,因此定子侧的电压波动总是存在的,特别是并网运行的风电机组时常受到电压波动的影响,进而影响控制器的控制效果,如果能及时诊断出电网侧电压波动并做出相应的调整,将大大提高风电机组主控系统运行的可靠性和稳定性。

(2)功率反馈通信干扰。风电机组主控系统的反馈信号通过变流器得到,在通信的过程中,如果传递信号受到强电磁干扰就会使信号不稳定。

(3)转速传感器、电压电流传感器故障。这一类故障应归类于传感器故障,传感器是信息获取的主要装置,当传感器出现性能故障或失效时,将对监测、控制带来严重影响,可能会产生误诊断、误报警等严重后果,甚至造成不可估量的损失。

(4)风电机组主控系统逻辑不完善。若主控逻辑能及时完善或进行系统的更新,可在一定程度上避免相关事故的发生。可通过分析风电机组的控制逻辑快速、准确分析出事故的根本原因,并对风电场提出整改建议。

(三)变流器

变流器输出功率随机波动性大,故障率较高,其中功率开关管出现问题的概率较大,主要包括开路和短路两种故障。

1. 开路故障

导致器件开路的情况非常多,其中比较典型的有器件损耗、焊接脱落等。此类问题会使变流器的运行状态发生改变,提升其他部件的电压和电流应力,大幅度降低系统的稳定性,一般状况下不会引发十分突出的过电压问题,可以在较短的时间内保持工作的状态。但如未及时进行处理,系统就会陷入瘫痪,所以此类故障应进行严格的诊断和处理。

2. 短路故障

导致此类问题的原因十分繁杂,其中具有代表性的有热击穿、过电压等。当器件出现短路问题的时候,电流在短时间内迅速提升,从而使系统运行稳定性降低。由于此类问题出现的时间不长(一般情况下不超过 10μs),所以很难被识别出来。针对这种情况,大部分系统都采用硬件电路,从而对短路问题进行有效识别。另外,也可在电路内添加快速熔丝,对短路问题进行更有效的识别,再通过开路问题的方法展开维修。

按照变流器发生故障位置的不同,故障种类可划分为主板故障、驱动电路故障、绝缘栅双极型晶体管(IGBT)故障、辅助电源故障、斩波(chopper)电路故障、撬棒(crowbar)故障、电缆故障、通信故障、采样电路故障、断路器故障、继电器故障、接触器故障等。

(四)通信系统

风电场通信网络分为风电机组内部通信网络和风电机组外部通信网络。其中,风电机组内部通信网络主要由光端机、控制单元、机舱面板、多模光纤、管理型交换机、非管理型交换机、塔基面板等组成;外部通信网络主要由环网光端机、管理型交换机、单模光纤、非管理型交换机等组成。因此,风电机组的通信故障分为内部通信故障和外部通信故障。其中,内部通信故障主要指影响风电机组本身运行的通信故障,外部通信故障指不影响风电机组本身运行的通信故障。

1. 内部通信故障原因分析

(1)总线存在错误帧,信号幅值过小,以及节点的采样点不统一。

(2)存在共模干扰,干扰强度超过阈值时会对通信质量产生严重干扰。

(3)信号质量差,主要体现在信号幅值过小,发出很多错误帧。

(4)报文发送周期不稳定,经常出现发送周期异常。

2. 外部通信故障原因分析

(1)风电场在建场时,光纤熔接未按相关标准的规定规范熔接;调试初期,人员未严格按照风电场相关图纸配置交换机 IP 地址,给现场管理交换机带来巨大困难。

(2)由于塔基交换机可以即插即用,存在很大的安全隐患,极易产生广播风暴。

(3)核心交换机在出厂时是默认设置,风电场未根据实际情况设置虚拟局域网。

(4)核心交换机网线未贴标签,管理混乱。

(5)部分风电场技术人员混用单模、多模光纤,或混用交换机单模、多模端口,造成复杂的通信故障。

(6)交换机在夏季工作环境下可达到 40~60℃,长期在高温条件下工作会发生数据丢包现象。

(7)通信网络发生广播风暴,引起通信故障。

(8)部分风电场在通信光缆施工时,通信光缆与 690V 或 35kV 电缆共用一个电缆管道，不符合风电机组远程通信光缆布线要求，也不符合直埋光缆与 35kV 电缆的最小隔距要求，因此，易在发生雷击或电缆接地故障时造成通信光缆损坏。

二、技术监督内容

（一）安全系统

（1）安全保护系统的动作应独立于控制系统，即使控制系统发生故障也不会影响安全保护系统的正常工作。

（2）安全保护系统应能优先使用至少两套制动系统以及发电机的断网设备。一旦脱离正常运行值，安全保护系统应立即被触发并执行。

（3）检查出现超速、发电机过载或故障、过度振动、在电网失效、脱网或负载丢失时关机失效、由于机舱偏航转动造成电缆的过度扭曲、控制系统功能失效和使用紧急关机开关等情况时是否正确启动安全保护系统。

（4）定期进行风电机组急停测试和紧急回路的安全检查，记录紧急停机时收桨时间与角度及变桨蓄电池电压等参数。

（5）检查涉及安全链保护的各前端传感器是否有出厂时的精度校验报告。

（二）主控系统

（1）风力发电机组主控制系统的技术要求、试验方法、型式试验项目和出厂试验项目应符合 NB/T 31017—2018《风力发电机组主控制系统技术规范》的要求。

（2）风力发电机组控制系统的控制和保护功能应符合 GB/T 19960.1—2005《风力发电机组　第 1 部分：通用技术条件》、GB/T 18451.1—2022《风力发电机组　设计要求》以及 NB/T 31017—2018《风力发电机组主控制系统技术规范》的要求。

（3）在自检、启动、软切入、电启动、并网运行、停机、维修状态时，控制系统的指令应能准确、有效、及时地发出。

（4）在故障情况下，控制系统应能及时保护停机并显示相应的故障类型及参数。主要保护功能应符合 GB/T 19960.1—2005《风力发电机组　第 1 部分：通用技术条件》的要求。

（5）主控制系统应完成风力发电机组运行参数的检测和运行状态的监测功能，并提供数据通信的接口，以满足中央监控系统或其他监视设备的监控要求。主要采集数据如下：

1）风速、风向、风轮转速、发电机转速、机舱位置、扭缆角度、桨距角。

2）机组当前状态（待机、并网、停机等）。

3）液压系统压力、机舱振动、机舱温度、发电机温度、齿轮箱油温等。

4）三相电压、三相电流、有功功率、无功功率、功率因数、频率、发电量等。

（6）主控制系统应能实现风力发电机组的正常运行控制。主控制系统具备的控制功能包括启/停控制、并网控制、偏航控制、解缆控制、紧急停机控制、最大功率跟踪、恒功率运行、高/低电压穿越、有功/无功功率调节、辅助部件控制等，主控制系统具备与变流器、变桨、中央监控等系统通信功能。具体参照 NB/T 31017—2018《风力发电机组主控制系统技术规范》的相关要求。

（7）在控制柜上人机界面应能显示和查询风力发电机组的运行状态及参数、显示故障状态、查询故障地点、设置运行参数等。

（8）检查控制系统控制和保护功能是否完好，动作是否正常。位置、转速、位移、温度、压力、振动、方向等各前端传感器是否能够正确显示和参与控制及保护。

（三）变流器

（1）永磁风力发电机及双馈风力发电机变流器的技术要求、试验方法、检验规则、出厂试验项目和型式试验项目应分别符合 NB/T 31015—2018《永磁风力发电机变流器技术规范》和 NB/T 31014—2018《双馈风力发电机变流器技术规范》的要求。

（2）检查变流器柜体密封、标签的完整性及布线的整洁度情况，变流柜柜体固定螺栓是否紧固。

（3）检查变流器柜内各开关和保险功能是否正常，通风、加热及温度控制功能是否正常。

（4）检查并网控制功能、控制通信系统、控制面板各功能是否正常。

（5）检查防雷接地是否接触良好、防雷模块是否良好。

（6）检查变流器柜内元器件是否完好和电气连接是否紧固，电缆是否存在锈蚀、烧痕情况。

（7）检查变流器内整流逆变模块绝缘电阻是否正常。

（8）检查滤网是否脏污及滤网更换记录。

（四）通信系统

（1）检查主控制器和发电机、变流器、变桨、偏航等子系统通信是否正常。

（2）检查主控系统与风向标、位置传感器及接触器通信是否正常。

（3）检查风力发电机组与中央监控通信系统的通信是否正常。

（4）检查风力发电机组正常运行状态下中央监控系统监控信息。

（5）检查主控制器对中央监控系统指令的响应和执行情况。

三、设备维护

1. 安全系统

（1）急停安全链维护。如机舱急停开关和主控柜急停开关按钮被按下机组不能停止运行，应检查两个急停开关是否已复位，如复位后仍无法正常工作，检查按钮是否工作正常；如急停回路断开或主控柜急停开关接线端子松开、接触不良，造成急停开关输出断开从而使安全链断开，应紧固接线。

（2）偏航安全链维护。偏航开关扭缆开关凸轮计数器是机械式的行程开关，由控制开关和触点机构组成，当它们的行程到达设定值时，触点机构被提升或松开从而触发控制开关，如扭缆开关的左右偏开关触点位置调整不正确，应该解缆顺缆，使凸轮计数器的基点归位；扭缆开关未动作时，检查线路接线是否有问题、左右偏计数器接线是否接反。

（3）叶轮超速安全链维护。叶轮超速未保护停机，应检查超速模块的接线情况和超速设定值，检查超速模块是否能正常工作、安全链是否断开，同时检查风电机组是否超速紧急停机未按复位按钮。如叶轮转速的检测传感器与叶轮距离过远或过近，会导致传感器采集点不规律，模块内部发生计量错乱，也可引起叶轮超速故障。

（4）振动安全链维护。拆下振动传感器，小幅度垂直、水平晃动，检查是否报警振动故障，如无报警应更换传感器；检查振动开关不应被异物碰到导致断开，24V DC 失电也会引起振动开关失效，振动开关重锤如被异物卡住，应清理；检查振动开关内部线路，紧固松动或脱落接线。

（5）变桨系统安全链维护。变桨柜上的急停按钮发生故障时，检查按钮是否正常、接线是否牢固；变桨系统内部故障时，根据变桨系统报的故障，查看变桨驱动器及线路故障，排除故障，恢复系统。

2. 主控系统

检查塔底、机舱柜固定是否牢固；塔底柜下方进线孔防火密封缺失，应使用防火泥从塔底柜内部添堵；紧固所有电气元件和端子并检查是否有过热或变色痕迹，检查柜内所有线路是否有松动和磨损；检查塔底柜防雷系统是否有过流损坏痕迹；检查柜门按钮指示灯工作是否正常；检查柜内加热器和散热风扇是否正常工作；测试塔底、机舱柜断路器跳闸保护功能；测试不间断电源（UPS）功能；测试塔底、机舱柜急停按钮功能是否完善、急停动作是否正确；安全链复位按钮工作是否正常；检查显示屏显示是否正常、监控软件功能是否正常等。

3. 变流器

（1）散热系统的维护。风电机组变流器散热不良可能会导致变流器内部元器件温度升高，甚至超过允许范围，从而导致设备损坏或失效。散热不良应清洁散热器，散热器积尘会导致空气流通不畅，影响散热效果，如散热片存在变形或破损等情况，将导致散热效果下降，应及时更换故障部件；应检查风扇的运行状态，若散热风扇存在故障，导致风量不足，应及时修理或更换。采用水冷方式进行散热的变流器，需要检查冷却水路是否正常，防止冷却水流量不足，及时清理堵塞管路；变流器的安装位置设计不合适也会影响其散热效果，应尽量避免与其他发热设备紧密安装在一起，如存在问题，可要求厂商优化安装位置。

（2）控制电路维护。

1）控制电路电源发生故障，可能由于电源供应不稳定或电缆接触不良等原因造成，应检查电源线路和电缆连接，确保电源供应的稳定性。

2）控制电路传感器输出的信号不正常，检查传感器的接线是否正确、供电电压是否正常，传感器发生故障应及时更换传感器，检查传感器的测量范围是否符合要求。

3）变流器控制器发生故障时，逆变器无法正常启动运行，应检查控制器接线是否正确、电源电压是否符合要求、内部电路连接是否正常，重新编程控制器，如无法恢复，应更换控制器。

（3）滤波电路维护。

1）滤波电容有耐压极限，超出该极限可能导致电容短路或断路，从而导致滤波电路损坏。应检查滤波电容的耐压极限，如果发现滤波电容已经损坏，应立即更换。

2）滤波电路的电阻值发生变化，会影响机组的滤波效果，应检查滤波电路电阻值，如损坏应及时更换。

3）电路中的开关元件运行电压超过耐压极限，会导致开关元件短路或断路，从而导致滤波电路的损坏。如果开关元件已经损坏，应及时更换。

4）滤波电路板可能会由于硬件损坏或者软件缺陷导致失效，应检查电路板的连接，如发现连接不良，及时修复或更换电路板。

（4）IGBT 维护。

1）IGBT 的温度超过设定的上限，IGBT 的电阻超过正常电阻值，导致 IGBT 电流降低，引起发电机组无法正确工作。若 IGBT 散热系统故障，按照变流器热系统的维护方法处理；若 IGBT 模组故障，应尽快更换。

2）IGBT 发生堵转故障、漏电流故障、输入过电流故障、过/欠电压等故障，应及时检查发电机组控制系统，是否存在参数设置不当、电路板故障或软件程序故障；检查 IGBT 模组，是否存在芯片烧毁、过电流等故障，如 IGBT 已经烧毁，应及时更换。

4. 通信系统

检测风力发电机组就地主控系统与发电机、变流器、变桨、偏航等子系统的通信是否正常，风力发电机组与中央监控通信系统的通信是否正常。对不通的通信光纤进行修复。

第三节　典型案例分析

一、风电机组安全链复位无效故障分析

（一）事故概况

某风电场采用 1.5MW 型双馈型风电机组，设备停电检修或故障恢复送电时，在安

全链无任何节点断开的情况下，风电机机组安全链自动或远程复位无效，需要检修人员现场激活安全链继电器，复位确认方可恢复安全链电路正常运行，造成风电机组无故障却长时间停运，每台风电机组平均耗时2.5h，这也导致风电机组各项指标变差，尤其是利用率和发电量等重要指标。风电机组安全链回路的安全继电器故障现象如图6-5所示。

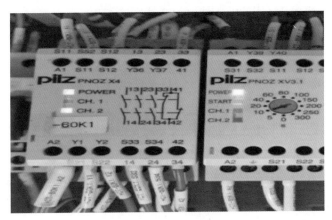

图6-5 安全继电器故障现象

安全链从等级上分为人员安全链和机器安全链，其中人员安全链的优先级高于机器安全链；安全链从高度上又分为机舱安全链和塔底安全链。该机组的安全链可以细致地划分为塔底人员安全链、塔底机器安全链、机舱人员安全链、机舱机器安全链。

按照现有主控逻辑，当机组运行时，塔底控制柜门上的急停按钮或机舱控制柜门上的急停按钮有一个触发，风电机组会迅速回桨进行一级刹车，同时，液压刹车也会动作，进行二级制动。PCH振动传感器、过速继电器信号响应是安全链断开的必要条件，机组出现问题时，当机器安全链断开后，桨叶会迅速回桨，但是液压刹车不会动作。

4种安全链的功能是通过相应的硬件来实现的：

（1）塔底人员安全链，塔底人员安全链继电器60K1；

（2）塔底机器安全链，塔底机器安全链继电器65K1；

（3）机舱人员安全链，机舱人员安全链继电器260K7、260K8；

（4）机舱机器安全链，机舱机器安全链继电器265K3、265K4。

（二）事故原因分析

随机挑选28号机组进行现场检查，首先断开机组塔底人员安全链继电器60K1、塔底机器安全链继电器65K1供电24V DC电源空气开关52F3，静待15min后，合上电源空气开关52F3，发现塔底人员安全链继电器60K1的POWER（运行）、CH.2指示灯常亮、CH.1指示灯熄灭。随后，按动塔底控制柜柜门上的安全链复位按钮和故障复位按钮进行复位，塔底人员安全链继电器60K1和塔底机器安全链继电器65K1均无法恢复正常。

经检查，安全链原理图中多功能继电器60K1的复位回路与现场实际接线不一致，重新绘制机组安全链原理图。根据安全链电路原理重置图、现场观察现象和试验数据分析，塔底人员安全链继电器 60K1 的启动复位回路（S33、S34）与塔底机器安全链继电器 65K1 的复位/开始回路（S13、S14）是并联状态。推断风电机组整个安全链回路上电时，塔底人员安全链继电器 60K1 内部电路受塔底机器安全链继电器 65K1 内部的复位/开始回路的影响造成电压不均匀，使得 CH.2 线圈先得电。

随机挑选 03、18、25、26、28、29 号机组进行现场验证。首先断开塔底人员安全链继电器 60K1、塔底机器安全链继电器 65K1 的供电 24V DC 电源空气开关 52F3，断开 65K1 复位回路端子 S13 的接线，合上 24V DC 电源空气开关 52F3，发现塔底人员安全链继电器 60K1、塔底机器安全链继电器 65K1 的 POWER（运行）指示灯亮、CH.1 和 CH.2 指示灯不亮，按下塔底控制柜柜门上的安全链复位按钮和故障复位按钮进行复位，塔底人员安全链继电器 60K1 安全链恢复正常。

随后，恢复塔底机器安全链继电器 65K1 复位回路端子 S13 的接线，按下塔底控制柜柜门上的安全链复位按钮和故障复位按钮进行复位，塔底机器安全链继电器 65K1 安全链恢复正常。

改进方案：断开塔底人员安全链继电器 60K1、塔底机器安全链继电器 65K1 的供电 24V DC 电源空气开关 52F3，在控制柜内加装一个延时继电器 52KT，将延时继电器的线圈 A1 接到 24V DC 端子，A2 接到 0V DC 端子上，在塔底机器安全链继电器 65K1

图 6-6　机组安全链改进实图

的复位/开始回路 S13 连接线上串联一组延时动合触点（8～12），接线完毕确认无误后，合上塔底人员安全链继电器 60K1、塔底机器安全链继电器 65K1 的供电 24V DC 电源空气开关 52F3，观察到塔底人员安全链继电器 60K1 先得电复位，延时 3～5s 后，塔底机器安全链继电器 65K1 的复位/开始回路得电自动复位，该 1.5MW 风电机组安全链的改进如图 6-6 所示。

（三）监督建议

通过以上分析可知，在未改进安全链回路前，现场断开塔底人员安全链继电器 60K1、塔底机器安全链和继电器 65K1 的供电电源后恢复上电，风电机组主控初始化自动复位无效，而且多次按下塔底控制柜柜门上的安全链复位按钮和故障复位按钮，进行安全链回路复位无效。

进行安全链回路改进后，现场断开塔底人员安全链继电器 60K1、塔底机器安全链继电器 65K1 的供电电源后恢复上电，继电器 60K1 先得电复位，延时继电器 52KT 通过延时作用，在 3～5s 后给塔底机器安全链继电器 65K1 的复位/开始回路上电并进行自动复位，从上电开始至安全链自动复位整个过程由机组主控程序来完成，不需要运检人员现场进行复位，效果达到预期目标。

为保障风电机安全链回路无故障，风电场运维人员要掌握充足的系统知识技能，按照规定时间对系统进行监督检查，定期进行风电机组急停测试和紧急回路的安全检查，并检查风电机组出现超速、发电机过载或故障、过度振动、在电网失效、脱网或负载丢失时关机失效、由于机舱偏航转动造成电缆的过度扭曲、控制系统功能失效和使用紧急关机开关时是否启动安全保护系统。同时，要对安全链电路进行更新改进，提高设备安全运行水平。

二、风电机组超速故障分析

（一）故障概况

某风电场 55 号风电机组安全链断开，发生超速故障。采取远程及就地紧急停机、就地偏航及断开 55 号风电机组所在 ID 段线路电源开关等操作，由于风电机组安全链已断开，上述操作命令失效，风电机组未能停机，次日 05:55，该风电机组叶片出现两支受损脱落和一支严重破裂情况，风电机组停止运行。

（二）故障原因分析

1. 报警事件及数据记录分析

报警事件记录及历史数据如表 6-1 所示。

表 6-1　　　　　　　　报 警 事 件 记 录 过 程

时间	报警事件记录及数据
17:36:00	在此之前 55 号风电机组正常运行
17:36:04	55 号风电机组马上执行自检程序，变桨角度小于 3°（注：风电机组执行自检，风电机组叶片顺桨后又开桨，通过后台数据显示此模式下采用交流电执行变桨）
17:37:00	发电机实时功率为 216.78kW，变桨角度 60.82°，变桨角度设定值为 84°（注：风电机组执行自检程序，要求三支桨叶顺桨动作，功率回零，转速回零）
17:38:00	发电机实时功率为 -2.15kW，变桨角度 42.79°，变桨角度设定值为 19.55°（注：风电机组执行自检程序结束叶片开桨进入发电状态）
17:39:00 - 17:50:00	风电机组自检完毕处于正常发电状态，当前功率为 700~800kW
17:50:36	风电机组桨叶 1 变频未准备好、桨叶 2 变频未准备好、桨叶 3 变频未准备好，风电机组安全链链接故障，安全链断开（注：此时风电机组由于主控内部程序问题导致安全链断开，风电机组开始执行紧急停机程序，叶片顺桨所用电源为蓄电池提供，但叶片位置并未变化，一直处在 0.71°未动，风电机组开始增速。由监控系统采集到数据记录可见，17:52 风电机组在执行紧急停机时，变桨角度设定值是 90°，实际值是 0.96°。由于直流变桨回路未能驱动桨叶，17:54 叶片始终在 0.71°位置，导致超速）
17:51:00	发电机实时功率 671.33kW，变桨角度 0.8°，变桨角度设定值为 36°（注：PLC 发出顺桨命令，但叶片位置未发生变化）
17:52:58	风电机组发电机速度大于 1920r/min

时间	报警事件记录及数据
17:53:00	发电机实时功率 767.47kW，变桨角度 0.73°，变桨角度设定值为 89.17°（注：PLC 发出顺桨命令，叶片回桨未动作），风电机组超速继电器触发安全链动作，安全链断开
17:54:00	发电机实时功率 13.33kW，变桨角度 0.71°，变桨角度设定值为 89.08°（注：此时风电机组安全链再次断开，由超速继电器触发导致安全链一直处于断开状态）

2. 事件原因分析

对风电机组变桨系统硬件进行检查发现：

（1）桨叶 1、2、3 轴控箱的电池顺桨回路接触器 6K1 均损坏不能吸合到位，3 个轴控柜的 6F1 开关（6K1 的线圈保护开关）跳闸，如图 6-7 所示。

图 6-7　风电机组轴控箱 6F1 和 6K1 接触器位置图

（2）中控箱内 21K3 和 22K3 目视已经损坏（2、3 号桨叶电池箱加热器回路继电器）。

（3）风电机组超速后，对同批风电机组进行检查和测试，发现部分机组利用直流回路桨叶不能回桨到 90°，深入检查发现仍有直流变桨接触器 6K1 损坏情况，如图 6-8 所示。同时，检测蓄电池内阻后发现，大部分蓄电池内阻超标，轮毂内加热器及加热回路继电器存在损坏情况。

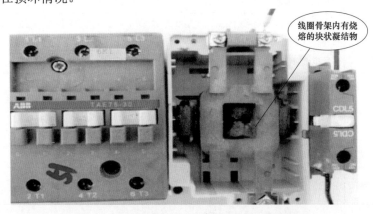

图 6-8　其他风电机组变桨接触器 6K1 损坏情况

分析现场勘查和回路检测结果,造成此次超速的原因是风电机组正常运行时安全链突然断开,而直流变桨回路的 6K1 接触器损坏导致风电机组不能顺桨,变桨系统失速超速,安全链断开后轮毂交流回路无法恢复,桨叶交、直流两路动力电源均失效,引起风电机组飞车事故。

将损坏的接触器 6K1 拆解后与新的 6K1 进行试验,结果如表 6-2 所示。

表 6-2　　　　　　　　　　　6K1 线圈电阻测量数据对比

测量端子	故障后轴箱 1 6K1 阻值	故障后轴箱 2 6K1 阻值	故障后轴箱 3 6K1 阻值	完好 6K1 继电器各线圈阻值
A1-A3	0	∞	0.4Ω	195.67Ω
A1-A2	15.23kΩ	∞	14.57kΩ	15.67kΩ
A2-A3	15.3kΩ	14.53kΩ	14.6kΩ	15.47kΩ

变桨接触器 6K1 的型号参数为 ABB TAE75-30,线圈正常工作电压范围为 152~264V DC,经阻值测量发现 55 号风电机组三个轴控柜内的 6K1 启动线圈 A1-A3 发生了匝间短路或开路现象。6K1 线圈接线如图 6-9 所示。

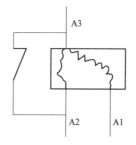

图 6-9　6K1 线圈接线示意图
（A1-A3 启动,A2-A3 保持）

完好的 6K1 和损坏的 6K1 接触器线圈外观对比如图 6-10 所示,现场检查发现烧坏的 6K1 接触器线圈的拆解后骨架过热如图 6-11 所示,55 号风电机组 6K1 线圈 A1-A3 启动线圈熔断痕迹如图 6-12 所示,6K1 接触器启动及保持线圈接线如图 6-13 所示,55 号风电机组接触器线圈骨架烧熔情况如图 6-14 所示。

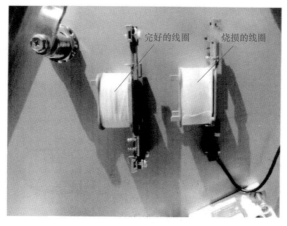

图 6-10　好坏接触器线圈对比

图 6-11　损坏的 6K1 线圈骨架

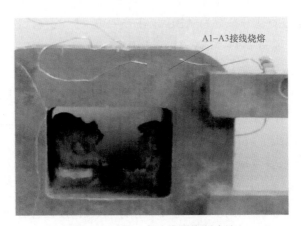

图 6-12　6K1 启动线圈烧断痕迹

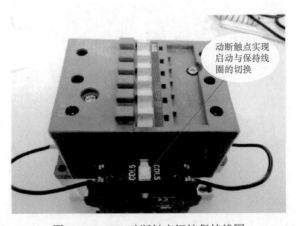

图 6-13　6K1 动断触点短接保持线圈

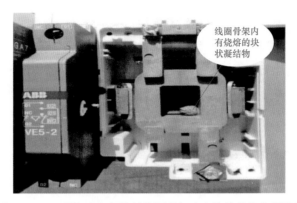

线圈骨架内
有烧熔的块
状凝结物

图 6-14　55 号风电机组接触线圈骨架内有烧熔的块状凝结物

6K1 线圈因过电流产生高温导致线圈过热产生损坏，其中，在 55 号风电机组上 3 个轴控柜内各有一个 6K1 接触器，均出现线圈烧损情况，有 2 个轴控柜内的 6K1 线圈骨架出现熔化物，另一 6K1 线圈骨架变形，3 个接触器均不能吸合。

通过继电保护测试仪对 6K1 接触器进行多次测试，其中 6K1 接触器的启动电压为直流 130V、返回电压为直流 66V，辅助触点由闭到开切换时间为 28ms。启动线圈在 100V 电压下 21min 过电流烧损，220V 电压下 2min 20s 即发生线圈变色、绕组短路烧毁现象。

该风电机组直流变桨仅在故障重启或紧急停机时使用，由此可知，直流回路接触器 6K1 损坏是长年累月积聚的过程，6K1 每次动作时，线圈就有热量产生，这种发热情况在 6K1 动断触点切换较慢或直流电池电压较高的情况更为明显。

由于线圈骨架是非金属材料一次成型制作，日积月累线圈骨架由于受热变形（在现场发现有 6K1 线圈骨架变形初期的案例，线圈受热初期并未产生熔化物，但骨架材料的变形也可以阻挡衔铁吸合），骨架形变过度会导致接触器吸合不到位。此时风电机组若需要直流变桨，220V 的直流电压就会加到启动线圈上，由于接触器衔铁被变形骨架卡住了，造成触点无法切换，几分钟之内启动，线圈会烧损，非金属材料的线圈骨架会加速变形熔化，线圈发生匝间短路后电阻减小，6K1 接触器线圈的电源开关 6F1 跳开。这时导致直流变桨回路的失效，而 6K1 接触器的失效没有信号反馈，在未发生紧急变桨前不易发现。所以，一旦风电机组发生安全链断开，由于直流变桨电源回路已失效，将会造成超速事故。

（三）监督建议

通过以上分析可知，该风电场 55 号机组超速故障的根本原因是 3 个轴控箱内控制电池顺桨的 3 个接触器在紧急停机时均未能吸合而导致直流电源无法驱动变桨电机顺桨，接触器线圈长时间使用过热导致线圈骨架熔结损坏，进而导致超速事故。

机组变桨系统中，接触器由于热稳定性不够，长时间励磁，线圈骨架会过热变形导致接触器不能吸合。本事故中风电机组蓄电池内阻不合规，变桨回路元器件和电池柜内加热器件损坏较多，建议更换性能稳定的加热器及温控器，定期进行电池顺桨测试、单体电池内阻测试、电池温控回路及加热器检查等工作，变桨蓄电池使用前应检测是否合格。此外，可加装变桨直流电源监视信号，对接触器上级断路器增加辅助触点，发生断开应及时报警。

三、风电机组主控系统逻辑问题导致事故分析

（一）事故概况

某风电场一台直驱型风电机组因系统报"发电机主轴承温度高"，处于故障停机状态，经检查发现风电机组叶轮已停止转动，一个叶片从合模面处破裂，一半折断散落在地面，另一半缠绕发电机一圈，叶片断裂情况如图6-15所示。

图6-15　风电机组叶片断裂情况

事故发生前，因该风电机组频繁报"主轴承1温度高"，运行人员将该机组转速设定小于或等于12r/min运行，额定转速为16.5r/min，因此风电机组处于限功率、限转速运行状态。事故发生时，风速在6.8~15.8m/s区间变化，3个叶片变桨动作一致，风电机组多次报"主轴承1温度高""主轴承1温度高停机"故障，期间经多次手动复位、手动停机操作。

（二）事故原因分析

1. 事件记录过程和风电机组运行状态数据

报警事件记录及风电机组运行状态数据如表6-3所示。

表6-3　　　　报警事件记录过程及风电机组运行状态数据

时间	报警事件记录及数据
20:11:18.498~20:11:20.246	瞬时风速为12.4m/s，主控监测的轮毂转速迅速下降，在2s内从10.95r/min下降至小于1r/min，如图6-16所示
20:11:18.637	机组事件日志显示机组转入"freewheel G1G1"（待风，快速重新并网）状态
20:11:18.657	机组转入"freewheel G1"（待风，准备并网）状态，此时主控监测轮毂转速为5.74r/min，如图6-16所示。变流器监测发电机转速为12r/min，如图6-17所示
20:11:19.252	瞬时风速为12.4m/s，机组桨距角由9.3°开始减小，叶片逐渐开桨，如图6-18所示
20:11:19.316	变流器监测的发电机转速开始增大，并超出转速限值12r/min，发电机转速上升为12.1r/min，见图6-17
20:11:19.778	机组功率降为0，见图6-18

续表

时间	报警事件记录及数据
20:11:23.538	桨距角减小至 0°，叶片桨叶全开，见图 6－18
20:11:26.518	变流器监测到发电机最大转速 19.8r/min，随后发电机转速在 19.8～1.5r/min 之间跳变数次，见图 6－17
20:11:26.538	稳定至 1.5r/min（此时励磁电流为零，风电机组失去励磁，发电机定子无电压，此后变流器监测不到转速），见图 6－17
20:11:57.570	机组报出 "Emergency Pitching"（紧急顺桨故障）
20:11:57.863	机组报出 "Safety Input Signal Missing"（安全链输入信号丢失）故障
20:11:57.870	机组报出 "Vibration"（振动开关动作）
20:11:57.890	机组报出 "Safety chain open"（安全链断开）
20:11:57.938	机组桨距角为 0°，因机组报 "Emergency Pitching"（紧急顺桨故障），触发安全链，机组执行紧急回桨程序，桨距角开始增大，见图 6－18
20:11:58.499	机组振动开始明显加大，见图 6－22
20:12:00.864	主控对轮毂转速的监测突然恢复。报出软件超速故障，此时轮毂转速为 29.31r/min（软超速定值为 18.5r/min，硬超速定值为 22r/min）
20:12:00.969	主控监测轮毂转速达到最大值 33.13r/min，见图 6－19
20:12:00.990	轮毂转速为 32.62r/min，转速开始快速下降
20:12:01.170	报超速继电器故障
20:12:12.978	桨距角变为 90.2°，叶片完全收桨，见图 6－18
20:12:13.260	轮毂转速降至 0.95r/min，见图 6－16

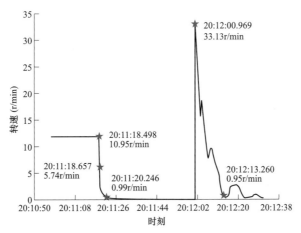

图 6－16　轮毂转速变化

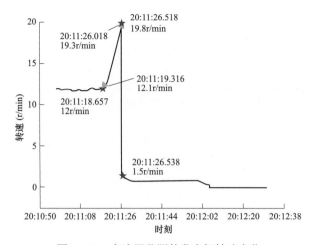

图 6-17　变流器监测的发电机转速变化

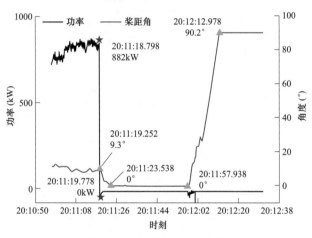

图 6-18　桨距角-功率变化

2. 事件原因分析

现场勘查时未见叶片受雷击痕迹，机组无电气故障，测风数据显示风速未超限值，而叶片质量难以判断。因此根据 SCADA 后台数据和机组运行手册等相关资料对事故原因展开分析：

20:11:19.498 主控监测叶轮转速从 10.95r/min 迅速下降到 0，根据机组控制逻辑，主控在叶轮转速下降至 7.5r/min 后，风电机组状态由发电转入"freewheel G1G1"（待风，快速并网）模式，当叶轮转速下降至 7r/min 后，由"freewheel G1G1"转入"freewheel G1"（待风）模式。

在待风模式下，变流器转入"停止"运行模式，准备脱网运行，功率设定值为 0kW，因此机组功率被置 0。因风电机组在待风模式下，根据主控逻辑，将执行叶片开桨程序。

因变流器功率为 0，桨叶处于开桨状态，导致叶轮实际转速迅速上升（变流器监测转速），变流器转速与主控转速形成剪刀差，如图 6-19 所示。

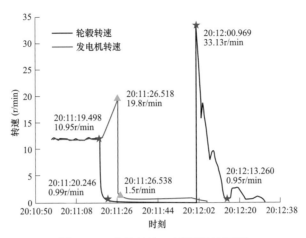

图 6-19　主控转速-变流器转速变化

机组控制逻辑显示,当风电机组处于以下三种状态之一时,机组不会报出"302-(R)tacho defect"转速不一致故障：① 刹车；② 风电机组未并网；③ 发电机和叶轮转速均小于 7r/min,如图 6-20 所示。

此时机组未报"转速不一致"故障的原因为：主控监测的叶轮转速快速下降,风电机组进入"freewheelG1"(待风)状态,风电机组未并网,符合上述条件②。

Source: Internal calculations.
Reason:
Set difference between Rotor Speed Rotor Speed ×.×× rpm and Generator Speed (estimated by the inverter) Inv. Generator Speed ××××××××.×× rpm more than Rotor Speed Max Diff ××.× %
Remarks:
The status code is not processed if one of the following conditions is met:
1. Braking program 50
2. The inverter is not connected to grid
3. Generator Speed (from Inverter) ××××××××.×× rpm ＜7rpm and Rotor Speed ×.×× rpm ＜7rpm
If the turbine is completely stopped, the rpm will decrease very slowly at low rpm's.Thiscan unintentionally activate the status code at low rpm's.

图 6-20　转速差保护描述

20:11:26.518 变流器监测转速达到了 19.8r/min(软件超速故障定值 18.5r/min,机舱内的超速继电器动作值为 22r/min)。

未报软件超速故障原因为：软件超速故障是以主控监测的轮毂转速为判断依据,此时主控监测转速为 0.23r/min。

20:11:26.538(20:11:18.657 进入"freewheel G1")变流器监测的发电机转速稳定在 1.5r/min,可判断发电机已断开励磁,发电机定子无电压,变流器监测不到转速。此后风速稳定在 11～12m/s,桨距角为 0°。判断机组叶轮转速持续增加,发电机实际转速无法监测,桨距角-风速如图 6-21 所示。

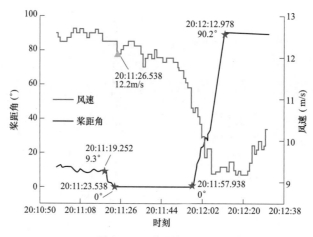

图 6-21 桨距角-风速

轮毂转速与变流器转速出现差值，因变流器转速通过变流器机侧频率计算得出，可反映当时机组真实转速。主控转速通过滑环编码器监测。可推测此时滑环编码器转速监测信号失真，机组保护未能及时动作，变流器监测的发电机转速见图 6-17。

20:11:57.579 主控报出"emergency pitching"（紧急顺桨故障），为首发故障，机组执行紧急收桨程序。判断此时机组由于叶片开裂失衡导致变桨系统故障。"emergency pitching"（紧急顺桨故障）的故障原因为至少一个变桨控制单元检测到外部故障。

20:11:57.872 报出"vibration"（振动故障）是由机舱内摆锤振动传感器触发引起。由于此时主控和变流器无法监测机组实际转速。推测此时由于叶轮失衡触发摆锤动作（摆锤动作定值）。

20:12:00 主控监测转速突然恢复，显示最高转速达到 33.1r/min，见图 6-22。随后

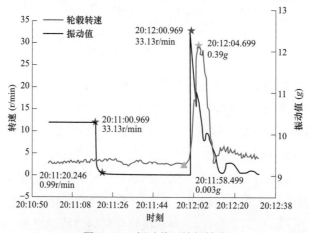

图 6-22 振动值-轮毂转速

报出软件超速故障和超速继电器故障。这两个故障的判断均需要依靠滑环编码器信号，此时滑环编码器恢复正常。

风电机组轮毂内装有机械式转速开关（硬超速保护定值为 22r/min），在转速恢复之前应已达到定值，但未见机械保护动作记录（未报安全链 2 断开），理论上应先报安全链 2 断开后报安全链 1。20:12:04.699 振动最大值 0.39g，推测此时叶片与塔筒发生了撞击（见图 6-22）。

通过以上分析，确定故障原因为：主控系统仅凭轮毂转速一个变量切换机组运行状态，造成机组状态与实际工况不匹配，主控无法实行正确的安全保护策略。当机组进入待风状态时，变流器功率被置"0"并执行开桨命令，导致叶轮转速迅速上升；同时在该状态下，机组转速差保护不会启动。而且机组仅采用滑环编码器转速信号作为判断依据，未对来自变流器监测的转速及主控监测的转速进行判断，超速保护（软、硬件超速）判断依据单一。

（三）监督建议

主控系统是风电机组控制系统的核心，其逻辑至关重要。此案例的叶片断裂故障根本原因是风电机组的主控制系统逻辑不完善，应采取持续对控制系统进行优化或升级的措施以避免故障发生。

（1）根据实际运行情况不断完善风电机组主控逻辑，风电机组的运行模式切换应综合考虑风速、功率、转速等因素。

（2）优化机组保护逻辑，扩大转速差保护的工作范围（在机组开桨状态下始终监测）或者增加机组风速-转速、风速-功率不匹配等功能。

大多数风电机组的事故中，叶片断裂的事故占比较大，若无明显外部影响，事故的根本原因较难判断。完善的主控系统逻辑可以及时排查安全隐患并做到预防事故，并从控制系统角度对此类事故展开分析，及时有效地找出事故根本原因。

四、风电机组变流器 crowbar 烧损故障分析

（一）事故概况

某风电场自投运两年来，多台风电机组频繁发生变流器 crowbar 烧损故障，以 2016 年 3 月的 2 次变流器 crowbar 损坏为例，3 月 6 日风电场 35kV 集电一线发生引流线断线，所带 12 台风电机组停运，次日故障处理后恢复送电，所带风电机组中有 4 台无法启机，后台报变流器类故障，无法远程复位。检查发现变流器 crowbar 损坏是风电机组无法启机的原因。同月 27 日，风电场 35kV 集电二线发生引流线断线故障，所带 12 台风电机组停运，故障恢复后，6 台风电机组无法启机，同为变流器 crowbar 损坏导致。两次 crowbar 损坏均出现在集电线路发生单相永久性故障时，电网电压跌落，网侧失电，

风电机组进入低电压穿越状态。由于故障无法恢复，低电压穿越后转子侧停机，报转子侧逆变器驱动故障。

两次故障均是变流器损坏，归类为共性问题排查，对比损坏与未损坏 crowbar 风电机组的变流器记录发现，被烧损 crowbar 的风电机组在发生低电压穿越时，部分风电机组主控程序曾出现关断 crowbar 瞬间出现的大电流指令，造成其因流过大电流而损坏，并报驱动故障停机。深入排查发现，新版本主控系统程序的风电机组的程序优化了低电压穿越控制策略，并增加了 crowbar 电流估算功能，避免大电流关断 crowbar 造成元件损坏。少量风电机组未烧损 crowbar 原因为线路故障时各台风电机组网侧电压存在差异，变流器在开通关断 crowbar 指令时错开了尖峰电流，避免了 crowbar 因过流烧损，应为偶然现象。根据现象分析结果，风电机组厂家针对电网跌落、电网不平衡等方面对风电机组进行程序升级改善，后续出现线路单相永久性故障时，crowbar 元件未损坏。

2018 年 3 月，该风电场多台风电机组 crowbar 元件再次损坏，损坏当日风电场 35kV 集电二线动作跳闸，所带风电机组停运，线路故障处理完毕恢复送电时发现 4 台风电机组 crowbar 损坏。通过调阅故障录波记录、风电机组主控记录及变流器记录发现，集电二线跳闸原因为线路 B、C 相发生两相短路故障，110kV B、C 两相电压跌落至零。此后风电机组在出现电网异常状态时，按主控程序设置正确进入低电压穿越模式，由于故障为永久性故障，低电压穿越过程失败，风电机组正常执行保护停机，报文中出现 crowbar 模块驱动故障。

（二）事故原因分析

风电机组进入故障穿越模式时检测到转子侧故障电流，crowbar 依照原理进行能量泄放，低电压穿越过程中转子转速为 1010r/min，对应转子开路反电动曲线，转子电压至少为 700V，此时 crowbar 开通大约 1800A 的电流。当电网电压瞬间跌落时，变流器转速无法瞬间降至主控设置脱网转速 970r/min，由此产生较大转速差，此时流过转子侧 crowbar 电流经估算约为 3000A 以上，同时低转速下转子仍处于高电压状态。通过进一步排查发现，当网侧断电后，crowbar 24V 供电出现异常。经查现场机组 crowbar 供电取自网侧，由此造成变流器断电后 crowbar 24V 供电失效，即网侧发生三相永久性失电时 crowbar 掉电，导致其失控关断，较大关断电压造成 crowbar 内部 IGBT 模块损坏。

根据排查结果，厂家首先增加了变流器低电压穿越功率计算方式，优化了低电压穿越曲线，然后修改了控制 crowbar 的交流接触器 KM6 线圈的取电回路，将接触器取电由网侧供电改为 UPS 供电，保证在发生网侧失电时，crowbar 24V 控制电源不掉电，保证正常工作。

（三）监督意见

案例中风电场 crowbar 损坏分别由于主控程序不匹配及电路设计不符合运行要求导

致，案例中主控程序和电路设计与实际运行不匹配，是风电机组安全运行的隐患。风电场建设期间应增加对主控程序适应性及控制回路的检查，同时做好相关验收工作，增加变流器及主控系统的检查项目，避免发生由于主控程序及电路设计不合理引起的故障，检查控制系统控制和保护功能是否完好、动作是否正常，确保主控制系统能实现风电机组的正常运行控制。

五、风电机组变流器主断路器失效分析

（一）故障概况

某风电场风电机组采用变流器额定功率为 4000kW，在额定电压为 690V 的情况下，其网侧额定电流有效值为 3348A，考虑电网电压±10%的波动及 1.1 倍过载情况，其网侧最大工作电流有效值为 4050A。风电场多次出现报故障停机问题，故障报警为风电机组变流器主断路器失效。

（二）故障原因分析

1. 主接触器接头氧化

查看风电机组故障时刻的电流数据，如图 6-23 所示，故障时刻的三相电流值 PhR、PhT 和 PhS 的最大值为 618A，均未超过其网侧额定电流值（3348A）；如图 6-24 所示，同时段的瞬时电压最大值为 260V，同样未超过其额定工作电压（690V）；上机检查发现主断路器静触头主触点发黑并且在塔筒内部有浓烈的烧焦刺激性气味；查看风电机组主断路器内部的计数器次数为 2013 次，在使用寿命内。通过发黑的现象进行分析，如图 6-25 所示，主断路器长期大量灰尘覆盖造成局部过热是由于长期没有人员定期维护设备而导致；触头与触头之间在大电流通过的过程中，触点部分发生局部过热或者有一定的电弧产生，使得主断路器的静触头主触点由银色变为黑色。

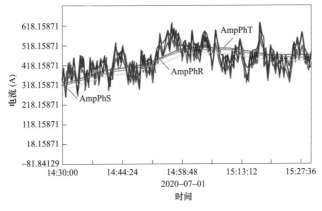

图 6-23　故障时段电流数据

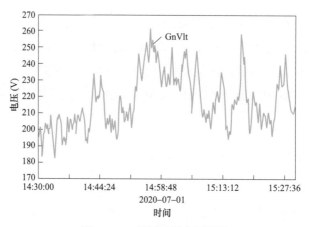

图 6-24 故障时段电压数据

图 6-25 主断路器静触头主触点发黑情况

使用酒精擦拭主断路器接头氧化物并涂抹导电膏，处理完成后的主断路器主触点如图 6-26 所示。对于塔筒内出现的刺激性气味，采取在塔基内撒生石灰，以吸收腐蚀性气体或者使用抽风机去除塔筒内的气味。除味后重新检查风电机组塔基的密封情况，对封堵不完全的风电机组及时进行密封。

图 6-26 经过酒精/导电膏处理后的主断路器主触点

2. 主断路器灭弧室拉弧

查看风电机组中故障时刻的电流数据，如图 6-27 所示，故障时刻的三相电流值

PhR、PhT 和 PhS 在 1h 内的最大值为 4030A，超过其网侧额定电流值（3348A），接近其网侧最大额定电流值（4050A）；故障时刻的三相电流值在 1h 内的平均值为 3481A 左右，同样高于网侧额定电流值。如图 6-28 所示，电压值在 1h 内的最大值为 775V，平均值为 752V，也同样高于额定工作电压 690V，低于其额定绝缘电压（1000V）。根据三相电流值与电压值进行判断，该台风电机组主断路器基本处在击穿状态，随时可发生击穿。上机检查发现塔筒内有浓烈的烧焦刺激性气味。打开主断路器检查，发现灭弧室内有发黑烧焦及锈蚀的痕迹，已经严重损毁，且损毁不可逆，如图 6-29 所示。因为灭弧室内有锈蚀的痕迹，说明前期维护不到位。

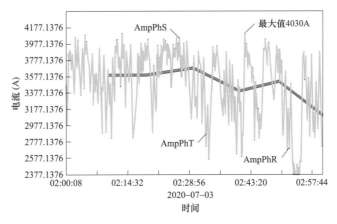

注：蓝绿红线是经过数据处理的比较平缓的三相电流发展趋势，
三相电流值 PhR、PhS 和 PhT 的值相同，故图中重合在一起。

图 6-27　故障时段电流数据

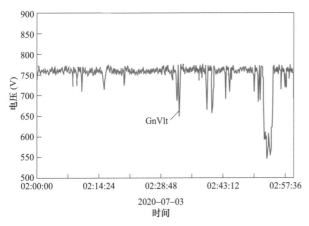

图 6-28　故障时段电压数据

图 6-29　主断路器灭弧室情况

主断路器内部可能有大量部件损毁，所以无法通过更换主断路器内部的备件来解决，需整体更换变流器主断路器。对于刺激性气味的处理方式参照主接触器接头氧化中的处理方法。

3. 主断路器储能电机损坏无法工作

查看风电机组中故障时刻的电流数据，如图 6-30 所示，三相电流值 PhR、PhT 和 PhS 在 1h 内的最大值为 421A，均未超过其网侧额定电流值（3348A）。查看图 6-31 中同时段的电压最大值为 230V，亦未超过其额定工作电压（690V）。登机检查，没有烧焦的刺激性气味，打开主断路器内部检查灭弧室，各连接触点和触头均正常，无烟熏和锈蚀痕迹。检查风电机组主断路器内部的计数器次数为 23505 次，使用时长接近元器件使用寿命，认为可能是由元器件老化导致的本次故障。继续试验，模拟并网启机测试时发现，主断路器电机供电回路继电器线圈得电吸合后，储能电机未能正常动作，造成主断路器接收到合闸信号后未能正常合闸。检查主断路器储能电机供电回路的供电电压，状态正常。手动储能，仍未能正常合闸。更换储能电机后，再次手动储能，还是未能正常合闸。在更换合闸弹簧后，变流器主断路器可正常合闸，风电机组正常启机并网运行。

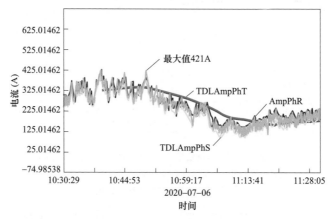

注：蓝绿红线是经过数据处理的比较平缓的三相电流发展趋势，三相电流值 PhR、PhS 和 PhT 的值相同，故图中重合在一起。

图 6-30　故障时段电流数据

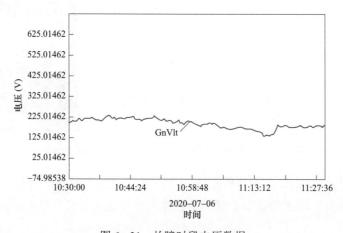

图 6-31　故障时段电压数据

对储能电机与储能弹簧损坏件进行检修,拆卸(见图6-32)后检查发现,储能电机中的齿轮有断齿的情况,断掉的小齿卡在两个大齿的中间,导致储能电机无法正常运转。检查发现主断路器合闸弹簧(见图6-33)发生老化,已无弹性,弹簧上的油漆已掉色。内部计数器次数为23505次,已接近主断路器平均寿命(25000次),元器件已发生老化。

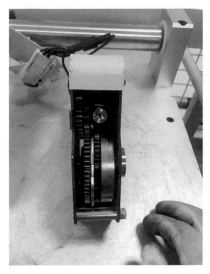
图6-32 主断路器储能电机部分拆卸情况

图6-33 主断路器合闸弹簧

(三)监督建议

变流器主断路器设备不稳定会影响整个风电机组的运转,其稳定性会随着操作频次和使用年限的增加逐渐降低,而环境因素和使用条件均是导致设备老化的主要因素,外部因素致使设备磨损加速和寿命缩短,最终导致故障的发生。采取预防性维护措施的主断路器,可以有效降低事故发生概率。因此,变流器主断路器的预防性维护措施对主断路器起着关键的保护作用。维护的主要目的是帮助用户准确掌握主断路器的真实状况,从而采取正确的矫正措施。这样能使整体维护费用降到最低,增加电气系统的可靠性,并降低由故障引起的损失。

1. 日常维护

每进行10000次运行和关断后,应对其进行维护,日常维护的内容有:

(1)检查和普通清洁。清洁所有灰尘、霉菌、冷凝痕迹和氧化物,使用清洁的干布擦掉灰尘和油迹,最好使用非腐蚀性的洗涤剂清洁。检查铭牌是否存在,将铭牌清洁干净。同时清洁抽出式主断路器固定部分的内部,确保主断路器室内没有异物。检查是否有过热或断裂等可能影响主断路器有效绝缘的现象,检查触点是否为银色,有无氧化现象、触点黑色等。紧固主断路器内的固定螺栓,防止松动。

(2)确认主断路器连线以及主断路器与开关柜之间的连线端子上没有局部过热的

迹象。观察接触部分的颜色是否改变，判断是否局部过热（银白色为正常状态）。

（3）要确保所有电气部件及机械部件牢固、正确安装在主断路器上。检查储能电机碳刷工作状态，若磨损异常及时更换；确认脱扣器与计数器功能正常。对于传动的机械部件、储能电机和分合闸机构等，使用制造厂规定型号的润滑油进行润滑，主断路器侧面的支撑位置也要进行清洁和润滑。

（4）检查触头磨损情况，包括灭弧室的状态、灭弧室本体是否有损伤、灭弧片是否良好或有无受损。使用压缩空气吹掉灰尘，然后用刷子清除所有烟熏和熔渣的痕迹，确保触点状态良好。肉眼检查主板和灭弧板是否都在原位，检查是否有发黑或卷边现象。

每 10000 次运行和关断后进行日常的维护，可以使主断路器的故障率大大降低，减少不必要的经济损失，提高风电机组设备的可靠性和可利用率。

2．异常运行所采取的维护

对于主断路器已经发生拉弧或其他电气部件机械损坏故障时，应根据实际情况进行补救。对于可恢复且较常见的故障、拉弧或过热产生的触头发黑或变黄等，可以使用酒精擦拭接头氧化物并涂抹导电膏；对已经存在刺鼻性气味的风电机组进行抽风或者通风，以去除塔筒内的腐蚀性气体气味，检查所有密封处，密封不好处重新打胶；对于不可逆的故障、机械或电气部件损坏、电机损坏、分合闸线圈损坏和触头损坏等，直接更换，排除故障。

维护风电机组变流器主断路器等频繁开断的设备时，要根据实际情况调整维护内容和时间。在发生严重故障时，应迅速分析问题并进行正确有效的处理，做好善后工作，总结故障发生原因，尽量避免类似故障再次发生，从而提高风电机组整体的运行效率。

六、风电机组变流器功率模块烧损事故分析

（一）事故概况

某风电场安装 33 台单机容量 1.5MW 的永磁直驱风电机组，变流器采用 Freqcon 1.5MW（B）型全功率变流器。某日上午 09:09，风电机组 SCADA 系统报警，提示风电场 24 号风电机组报出变流器直流电压低故障；09:32，再次报警提示变流器直流电压低故障；5min 后，SCADA 系统显示该风电机组通信丢失。经检查发现 24 号风电机组变流器柜体及内部大面积烧损。

（二）事故原因分析

现场检查发现变流器顶部冷却风扇熏黑、塔基平台至塔筒第一次平台间部分熏黑，塔上至塔下动力电缆、信号电缆等外观均无损伤，5 个柜体均有不同程度的烧毁、熏黑的情况。同时，变流器 IGBT 1 柜和 IGBT 2 柜从下至上均大面积烧损，但烧损严重程度不同。如图 6-34 所示，控制柜上部烧损，控制柜上部 PLC 部分、电源模块、接触器和继电器等电气部件烧损严重。

　　测量制动电阻无阻值，电容柜上部接触器、线槽等烧损，低压配电柜上部轻微烧损，其余电容、刀熔开关等未见异常，如图 6-35 所示。

图 6-34　控制柜上部烧损情况

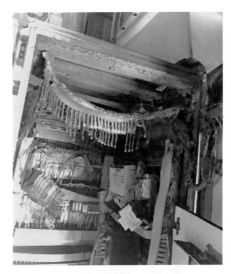

图 6-35　电容柜上部烧损情况

　　检查开关动作情况，发现变流器网侧断路器未断开、发电机侧断路器正常断开、箱式变压器低压侧断路器为跳闸状态。

　　根据机组报出故障的先后顺序，检查机组主控生成的故障文件可知，机组故障时刻变流器检查发现机组 erro_converter_signal_DC_ink_min 信号为 on（触发）状态，表示故障时刻触发故障为变流器直流电压低，与机组 SCADA 系统显示的故障一致。

　　根据机组制造商给出的变流器直流电压低故障触发逻辑，该故障停机等级为 7，触发变流器故障紧急停机，变桨系统回桨速度为 6°/s，变流器调制和断路器同时断开。

　　从故障文件变流器部分模拟量信号可以看出，故障时除 4 号 IGBT 为 29.7℃外，其余 9 个 IGBT 均为 40℃左右，但 converter_DC_inductor_temperature 显示温度为 71℃，检查变流器冷却系统数据发现，IGBT 冷却风扇 1、2 和塔基冷却风扇转速设定均为 68%，电容冷却风扇转速设定为 74.67%，判断故障时变流器冷却系统工作正常。

　　根据机组故障分析可知，故障前，直流母线电压未出现电压波动等异常情况，电压始终稳定在 1106V 附近，而制动电阻启动电压值 1220V，未达到触发值。网侧电压稳定，故障时直流母线电压对称瞬降至 780V。IGBT 4 内部失效，造成正负母线间有轻微短路放电致使母线电压瞬降，引起制动模块反并联二极管短时失效，投入制动电阻过流，Converter Chopper 1 电流值瞬间增大到 750A，导致制动电阻损坏失效。

　　检查数据发现，故障后 20s 转速降到 0 时，系统测量记录仍有 400kW 的有功功率，判断为假值。此时 profi_in_converter_IGBT_ok 信号一直为 1，无功功率维持在 -90kvar，故障后无功功率增加，说明故障后网侧始终在调制，网侧 IGBT 单元无故障。

第二次报故障文件，机组已经处于停机状态。直流母线电压为+436V 和-419V。母线电压偏低、不对称，但未发生波动，判断此时母线还未发生短路故障，机组始终触发直流电压低故障。同时，变流器未触发使能和调制信号。

但变流器网侧断路器始终为合闸状态，机组有功功率始终维持在-120kW 左右，判断机组始终在从电网吸收电能，结合机组整流电压为 0，直流电流给定为 0，说明机侧始终未工作，判断机侧正常，可以初步判断故障点在网侧或母线侧。

直流母线电压存在不对称偏低，原因是母排电容小范围失效导致母线电压不平衡，故障时母线电压存在瞬间降低，可判断母线存在非正常放电，原因是母线短路。故障时母线正对负短路放电，加之变流器网侧断路器未正常跳闸，网侧始终与电网相连，进一步导致 IGBT 4 反并联二极管失效，电网能量集中到 IGBT，造成 IGBT 电容大面积失效，进而导致 IGBT 本体失效。

因故障时刻母线正对负短路，结合制动电阻动作情况，可以判断制动电阻正常工作，但由于反向击穿电流导致制动模块被动失效，加之网侧断路器仍为合闸状态，导致故障现象进一步加剧，由于雷雨天气检修人员未能及时到达机位，最终导致柜体烧损。

（三）监督建议

变流器系统运行可靠性关系到整个机组的运行安全，机组运行环境较为恶劣，且随着机组运行年限的增加，变流器功率模块、控制器等电力电子元器件均存在由于高低温运行、积灰等导致失效的可能，断路器机械设备维护保养不到位导致断路器卡涩甚至卡死，断路器分合闸线圈、储能电机等也存在失效导致断路器不能正常工作的风险。

风电机组日常检修维护中，要以年度或季度为单位对变流器功率模块、电容、二极管单元、控制器等进行专项维护，特别是电子元件性能测试和异物清理。对发现异常的设备及时进行更换，同时对断路器进行专项维护，确保断路器分合闸、保护功能等正常且满足机组运行要求。通过对变流器系统进行常规和专项维护，增加使用寿命，保证变流器系统运行的可靠性和安全性，预防风电机组出现运行故障或出现事故。同时，通过自动消防、火灾报警、视频监控等技术手段有效降低事故扩大的可能性，提升风电机组运行的经济性。

七、风电机组通信光缆雷击故障分析

（一）事故概况

某风电场的远程通信光缆长期受到雷电侵袭，多台风电机组发生通信中断故障，检查发现通信光纤盒及附近电缆存在不同程度的烧损。具体情况如下：

3 台风电机组塔基处导电轨下方动力电缆、机舱控制柜电源线电缆、机舱到塔基光缆、风电机组之间远程通信光缆、光缆接线盒、灯线、五芯插座线等均有不同程度损坏，如图 6-36 所示。

一台风电机组仅远程通信光缆接线盒烧坏。仔细排查雷击风电机组发现，每台风电

图 6-36　雷击损坏照片

机组都是远程通信光缆盒的光缆吊丝（铁丝）处有明显的放电熔化痕迹。塔基平台处，导电轨电缆接线箱下端动力电缆虽然损坏，但无明显放电打火痕迹。导电轨下方接线盒内铜排及电缆只有被熏黑变色的痕迹，并无打火放电痕迹。

　　检查风电场其余风电机组远程通信光缆的安装工艺，发现光缆内加强吊丝（钢丝）都接在光缆接线盒的公共接地点上，再用 1 根长度 2m 的 1×4mm² 地线接到塔基基础环的接地扁铁上，如图 6-37 所示。

图 6-37　某风电场远程通信光缆吊丝安装方式

　　断开光缆接线盒内光纤吊丝两侧的接地点，测量吊丝对地电压大约为 1.30V，电阻大约为 6.32MΩ，可判断出该光纤吊丝只在风电机组塔基光缆接线盒内接地。

　　风电机组之间的通信光缆为地埋，通信光缆在风电机组到箱式变压器间与 690V 电缆共用一个电缆管道，通信光缆在箱式变压器间与 35kV 电缆共用一个电缆管道，如图 6-38 所示。

　　风电场风电机组接地网的接地电阻每年

图 6-38　风电场光缆走线

143

由当地专业机构测量一次，之前每台风电机组每年的测试结果都小于4Ω。

查阅运行记录，上一年也发生过这种雷击光缆的情况，而且部分风电机组也只是远程通信光缆盒烧坏，铁丝接地处有明显打火痕迹，与本次雷击情况一致。

（二）事故原因分析

在风电机组整机厂家设计图纸上明确规定了远程通信光缆应单独走线缆管道，如图6-39所示，但风电场的远程通信光缆与690V、35kV共用一个电缆管道不符合设计要求。

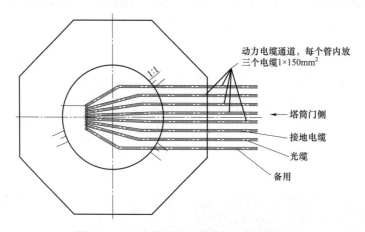

图6-39　风电机组地埋线缆布置设计要求

对非金属光缆，利用光纤作通信介质可以免受冲击电流，如雷电冲击的损害，但埋式光缆中的加强件、防潮层（铝箔层）、铠装层以及通信用铜导线包含金属件，可能遭受雷电冲击，导致故障，无法通信。因此，一般直埋光缆应根据自身属性如电阻率、金属含量等，采取具体的防雷措施。

本次事故受雷击影响的风电机组都是光纤接线盒吊丝处烧毁最严重，附近有明显的放电打火痕迹，其他部位并无明显放电痕迹，风电机组之间通信光纤在690V侧共用一个线缆管道，在35kV侧也共用一个线缆管道，不符合风电机组设计中对通信光缆的施工要求，也不符合直埋光缆与35kV电缆的最小间距要求。本次事故主要原因为风电机组之间通信光缆内的铁丝（金属加强芯）在雷雨天气引入雷感应电流，导致光纤铁丝处瞬间放电起火，并产生高温，同时引燃周围动力电缆、灯线、控缆等。

（三）监督建议

通过以上分析，风电场应针对存在问题进行整改，重新铺设光缆，风电机组远程通信光缆内吊丝改接到风电机组基础环接地网，风电场整改后运行两年多，未出现类似雷击情况。

综上所述，为避免风电场因雷击造成设备损坏而导致事故发生，风电场应根据特定情况，严格按照相关标准及规范的要求，对光缆铺设路径和方案进行合理设计、合理施工，是避免光缆遭受雷击的关键。风电场光缆铺设施工设计时应充分考虑雷电分布、地质条件以及安全距离等因素，并严格按照相关要求施工，保证光缆不受雷电影响。铺设光缆时应尽量避开雷击区，选择安全的铺设路径。对于雷电比较严重的地区，可以采取引雷入地的方法在雷击区埋设一定长度的排流线（消弧线），且尽量选取阻抗小、耐腐蚀性的金属作为排流线。同时，应加强对通信系统的监督与检查，防患于未然。

第七章

光伏组件技术监督

光伏发电系统通过光伏组件将太阳能转化为电能，光伏组件的工作状态直接影响光伏系统发电效率，其可靠性是整个系统能量转换效率的关键。光伏组件的设计使用寿命一般为 20～25 年，然而，在实际运行过程中，由于暴露在户外恶劣的环境中，可能导致不同类型的故障发生。据某光伏认证中心不完全统计，使用 3 年以上的光伏发电系统大约有 30%的光伏组件产生不同程度的问题，其中由于光伏组件故障中的热斑效应导致的光伏发电效率衰减高达 68%，是造成光伏组件可靠性降低的常见因素之一。当光伏组件产生故障时，轻则降低光伏发电效率，重则损坏光伏组件的内部结构，对光伏组件本身乃至整个光伏发电系统的正常运行产生严重影响，因此对光伏组件开展技术监督工作，提早发现存在的问题，制定相应的整改措施，对于光伏发电系统提高发电效率和运行可靠性至关重要。

本章首先对光伏组件类型、结构进行介绍，简要说明其工作原理及作用，然后详细介绍了对光伏组件进行技术监督的内容以及在实际运行中存在的常见问题，最后根据典型故障案例，深入分析发生故障的原因，并从技术监督的角度给出相关处理建议。

第一节　光　伏　组　件　简　介

太阳能是一种低密度的平面能源，需用大面积的光伏阵列采集。光伏组件由光伏电池构成，由于光伏组件的输出电压不高，往往无法提供实际需求的功率，因此通常需要将一定数量的光伏组件按一定方式串并联组装在一起，并由固定的机械支撑部件构成直流发电单元，形成光伏阵列。图 7-1 所示为光伏电池单体、光伏组件以及光伏阵列之间的关系。

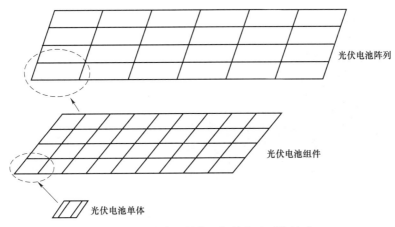

图 7-1　光伏电池单体、组件和阵列的关系

　　其中，光伏电池是光伏系统中最小的发电单元，也是光伏系统中最重要的单元，它的特点是输出电流小、输出电压低，因此，在实际应用中并不直接采用光伏电池发电，而是使用光伏组件作为单独的电源。光伏组件是由光伏电池单体串并联组成的，可以产生较大的输出电流和输出电压，从而输出较大的功率。将光伏组件进行串并联就组成了光伏阵列，显然，光伏阵列产生的电流和电压远大于光伏电池和光伏组件，输出功率也更大，通常用于大型的光伏发电系统。

　　光伏电池是将光能转化为电能的核心部件，也是将太阳能转换为电能的半导体装置。光伏电池的分类标准很多，按制作材质的差异主要包括晶体硅类、化合物薄膜类、聚合物修饰电极类、纳米晶类、有机类、塑料类等。

　　这些光伏电池类别中，晶体硅光伏电池发展速度最快、市场占有率最高、应用最广泛，应用于光伏发电系统上具有很多优点：硅的折射率很大，可以高效吸收光；硅是无毒的，也是在地壳上发现的第二高元素，可以满足全球对光伏发电系统原材料的需求。晶体硅电池通常可划分为单晶硅、多晶硅及非晶硅三类。电池的转换效率、发电量与本身材料的性质有着密切联系。单晶硅材料和多晶硅材料如图 7-2 所示。单晶硅通常为长方形，四角圆弧状，颜色呈深蓝色；多晶硅通常为正方形，颜色呈浅蓝色。单晶硅和多晶硅光伏电池的转换效率不同，与单晶硅电池相比，虽然多晶硅电池的效率略低，但是可以显著降低光伏组件的成本。因此，大型光伏电站仍大多采用多晶硅光伏电池，非晶硅类电池（主要为薄膜）应用较少。三种类型的电池能效对比如表 7-1 所示。

　　光伏组件主要由玻璃、EVA（乙酸－乙酸乙烯共聚物）胶膜、晶硅电池片、背板（TPT背板、TPE 背板、BBF 背板、APE 背板、EVA 背板）、铝合金框架、接线盒等部分组成，其结构示意如图 7-3 所示。背板与玻璃的功能均为保护晶硅电池片的安全。EVA 胶膜为一种具有热固性的黏性胶膜，位于晶硅电池片的两面，起固定和保护作用。晶硅电池片是光伏组件将太阳能转化为电能的核心结构。

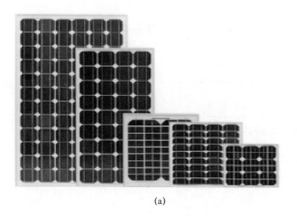
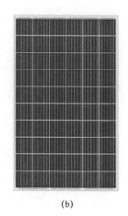

(a)   (b)

图 7-2　晶体硅光伏电池

（a）单晶硅材料；（b）多晶硅材料

表 7-1　　　　　　　　　　　　不同类型光伏电池能效对比

内容类别	单晶硅电池	多晶硅电池	非晶硅电池
转换效率	较高	高	低
衰减率	一般	一般	最大
光照敏感度	较差	较差	最好
环境温度影响效率	明显下降	明显下降	最好
容量和电压承受范围	一般	一般	最差

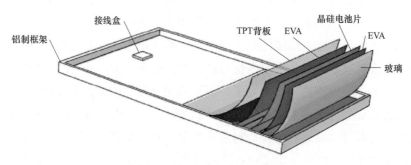

图 7-3　光伏组件结构示意图

在一定的光强照射下，依靠晶硅电池片形成的光生伏特效应是光伏电池发电的基础，光生伏特效应原理为光伏电池表面有一层金属薄膜似的半导体薄片，当太阳光照射时，光伏电池吸收光能，产生光电子-空穴对。在电池内建电场的作用下，光生电子和空穴被分离，在薄片的另一侧和金属薄膜之间产生一定的电压，即光生电压，这一现象称为光生伏特效应。若在内建电场的两侧引出电极并接上负载，则负载就有光生电流流过，从而输出功率，这样，太阳的光能就转换成电能。能产生光伏效应的材料很多，它们的发电原理基本相同，现以硅半导体为例，对太阳能光伏电池的工作原理说明。

如图 7-4 所示，N 型硅半导体中含有较多的空穴，而 P 型硅半导体中含有较多的电子，当 N 型硅和 P 型硅结合时，会在接触面形成电势差，这就是 P-N 结。

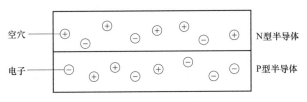

图 7-4　P-N 结

当光伏电池受到阳光照射时，N 型半导体中带正电的空穴流向 P 型区，而 P 型区中带负电的电子流向 N 型区，从而形成从 N 型区到 P 型区的电流。然后在 P-N 结中产生电势差，这就形成了电源。光伏电池受光后，负电子从 N 型区负电极流出，空穴从 P 型区正电极流出，如图 7-5 所示。这时如果分别在 P 型层和 N 型层焊上金属导线，接通负载，则外电路便有电流通过，如此形成了电池单元，将它们按照一定的方式连接起来，就能产生一定的电压和电流，从而输出功率，这就是光伏电池的工作原理。

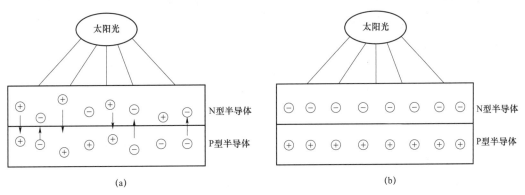

图 7-5　光伏电池工作原理

（a）带正电的空穴向 P 型区移动，带负电的电子向 N 型区移动；（b）N 型区负电极流出负电，P 型区正电极流出正电

第二节　监督内容及设备维护

一、技术监督常见问题

光伏组件的安全可靠运行受多种因素影响，如光照、温度、湿度、风沙等外部环境因素会导致光伏组件发电功率降低。长时间暴露在外部环境中，光伏组件常见故障有热斑、短路、开路、电池板异常老化、组件玻璃碎裂、PID、二极管失效、热击穿等。

1. 热斑

热斑在光伏组件中的故障率比重最高且最严重。热斑效应严重影响光伏电池的性能和寿命，并有较大的危险性。组件热斑不仅会对光伏电池造成损害，也会影响组件封装材料的长期可靠性，造成焊带的熔断、EVA 黄变、背板鼓包烧穿、接线盒损坏烧毁，甚至可能因温差过大发生玻璃局部碎裂的情况。光伏组件热斑的形成主要来自遮挡和电池缺陷两个方面。遮挡一般来自鸟粪、落叶、积雪、灰尘、云朵、植物、建筑物及相邻组件等，当遮挡发生而旁路二极管未打开时，组件中的被遮挡电池或被遮挡的电池局部处于"反向偏置"状态，在系统电流的作用下产生热量，形成热斑。电池缺陷包括漏电流过大或漏电区域集中、串阻过大、并阻过小、隐裂、裂片、边缘短路、功率混挡、黑芯片、烧结短路、虚焊等，这些缺陷降低了电池的短路电流，使其低于组件工作电流，缺陷电池处于"反向偏置"状态，可能会产生大量热量，形成热斑。大量光伏电站统计数据表明，光伏组件初期的质量问题和末期产生的故障是影响电站发电量的重要因素。因此，需及时对光伏电站进行巡检和监督，对检测出的有故障甚至已经不发电的光伏板，及时进行剔除，防止安全隐患的产生。

2. 短路

短路包括电池短路和组件短路，其故障成因分为外界因素、内部因素和人为因素。外界因素如恶劣天气引起的局部腐蚀造成绝缘破损；内部因素如机械振动等造成组件电池材料破损、破损的晶硅残片在裂纹界面上；人为因素如连接线错误、焊接不当、电池组串正负极接反，都会造成光伏组件的短路。一旦光伏电站出现大范围的短路故障，则很容易发生火灾事故，因此定期进行短路故障的排查是光伏电站巡检的重点。

3. 开路

开路在组件间发生的概率更大，包括电池开路和组件开路。组件开路即两块或多块光伏电池板之间的连接线断开，故障成因分为外界因素和人为因素，外界因素如动物破坏，人为因素如生产过程出现瑕疵、施工人员误操作导致的接线盒中接触点虚焊及线路连接错误等，都会造成光伏组件的开路。由人为因素产生的故障情况前期无法发现，只能在使用过程中发现。

4. 老化

恶劣的环境会使老化加速、使用寿命减少。老化包括组件老化和线路老化。老化表现为电池输出特性随时间呈现出急剧衰减态势，该故障产生的原因是密封条件较差时空气中的水蒸气对器件产生腐蚀作用，使等效串联电阻增大，或由于光伏电池内部 P-N 结的移动使并联电阻减小。

5. 碎裂

为避免电极暴露在空气中导致电池老化，光伏电池组件的表面会加盖一层透明的玻璃或保护膜，然而由于人为操作不当或在封装过程中处理不当，可能会使电池产生裂痕，导致空气中的水分进入电池，进而腐蚀电池内部。碎裂的直接结果是降低光伏组件的输出电流，进而降低发电功率，故障发生的主要原因是人为操作不当。

6. 热击穿

单晶硅光伏电池组件中存在的热击穿现象，是不同于组件热斑效应的另一种物理现象，会对组件的寿命可靠性构成威胁。热击穿是指光伏电池在反向偏压作用下产生的发热现象。热击穿多数是因为组件中掺有低效率的问题电池，有问题的光伏电池在阳光照射下即使没有被任何物体遮挡，也会因局部发热造成损伤。

二、技术监督内容

针对光伏组件在运行中遇到的常见问题，开展技术监督内容应包括：

（1）检查光伏组件是否有开裂、弯曲、不规整、外表面损伤及破碎。破碎部分影响安全或发电量时，应更换光伏组件。

（2）检查背板接线盒密封是否完好，检查接线端子是否有过热、灼烧痕迹，检查旁路二极管是否有损坏。存在安全隐患或损坏时，应更换接线盒、接线端子或光伏组件。

（3）检查光伏组件插接头和连接引线是否破损、断开和连接不牢固。连接不牢固时应紧固，存在破损或断开时，应更换。

（4）检查光伏组件金属边框的接地线连接是否紧固、可靠，有无松动、脱落与裸露。存在上述现象时，应对接地线进行紧固或替换，确保可靠接地。

（5）检查光伏组件与支架的卡件固定是否牢固、卡件有无脱落，检查光伏卡件是否有锈蚀。支架有松动现象时应紧固支架，卡件锈蚀时应更换卡件。

（6）检查光伏组件间的接线有无松动、断裂现象，接线绑扎是否牢固。存在松动、断裂现象时，应更换或重新绑扎。

（7）检查相邻光伏组件边缘高差偏差是否符合 GB 50794—2012《光伏发电站施工规范》的要求，超出时应调整。

（8）检查光伏组件是否存在组件热斑、组件隐裂等。影响安全或发电量时，应进行故障检修或更换光伏组件。

三、设备维护

光伏组件维护中应检查光伏发电系统某支路电流值与同一汇流箱中其他支路平均电流的偏差率，也可检查相同条件下光伏发电系统某一汇流箱发电量是否明显小于同一逆变器其他汇流箱，以排查光伏组件是否存在组件故障或损坏，必要时需更换光伏组件。光伏组件更换应注意以下事项：

（1）光伏组件应按照同组串相同的型号、规格进行更换。

（2）光伏组件的搬运应由两人共同进行，应做到轻搬轻放。

（3）更换光伏组件前，逆变器应先停机，后断开汇流箱对应的直流支路。

（4）在安装光伏组件过程中应做好光伏组件的防护工作，防止损坏。拆装时做好防坠落措施，避免对周围组件、接线等造成破坏。

光伏组件安装时，应用螺栓穿过垫片、组件和支架框的安装孔，并拧紧螺帽固定，根据当地风力和雪载荷力，确定是否需要额外的安装孔。接地线应与螺栓连接并压紧，检查相邻光伏组件边缘高差，超出时应调整。安装完成后应核对电缆极性，连接光伏组件的插接头与相邻光伏组件插接头。

第三节　典型案例分析

一、光伏组件热斑故障分析

（一）事件概况

某风光电场海拔约为 1700m，处于荒漠化草原。场站总容量 218MW，其中，光伏发电总容量为 20MW，由 20 个发电单元、80640 块光伏组件构成。

如表 7-2 所示，在被测光伏组件中，发生热斑效应的组件数量是 246 块，占比 1.22%；其中，2、4 号单元光伏组件的热斑问题相对比较严重。如表 7-3 所示，发生热斑效应的电池片总数为 1347 片，占比 0.11%。

表 7-2　　　　　　　　　　热斑组件数量统计

单元编号	光伏组件总数（块）	热斑组件数（块）	热斑组件比
1 号	4032	32	0.79%
2 号	4032	75	1.79%
3 号	4032	25	0.62%
4 号	4032	81	2.01%
5 号	4032	36	0.89%
合计	20160	246	1.22%

表 7-3　　　　　　　　　　热斑电池片数量统计

单元编号	电池片总数（片）	热斑电池片数（片）	热斑电池片比
1 号	241920	160	0.07%
2 号	241920	432	0.18%
3 号	241920	125	0.05%
4 号	241920	486	0.20%
5 号	241920	144	0.06%
合计	1209600	1347	0.11%

（二）事件分析

从地形和气候特点来看，光伏电站建立在荒漠化草原上，附近无高大建筑物及树木遮挡，常年受风沙侵袭，夏季杂草生长较茂盛，而冬季冻雪久积不化，沙尘、杂草及积雪均会对光伏组件造成一定程度的遮盖，从而导致热斑的出现。

5个光伏组件单元中，2、4号单元光伏组件的热斑问题比较严重，与1、3、5号单元相比，由于距离草场更近，杂草对组件的遮阴也更严重，同时，1、3、5号单元附近布置了驱鸟器，可有效减轻由于鸟粪遮挡组件而引起的热斑问题。

大部分热斑电池片都位于组件最下端的两个角落，这是因为组件表面的沙尘经雨水冲刷后经常积聚在这两个角落，因此发生热斑效应的概率更大。

部分组件发生热击穿、表面玻璃破裂、栅极发黑等状况，通过红外热像仪检测，可得到红外热像图，如图7-6和图7-7所示。

如图7-6所示，当组件没有产生热斑效应时，组件表面的各点温度大致相同，表面上各点红外辐射波谱基本一致，红外图像呈单一颜色。如图7-7所示，当组件表面出现热斑现象时，被遮盖或损坏的电池片由于发热，温度明显高于其他电池片的温度，组件表面红外辐射波谱随之发生改变，红外图像会随着组件表面各点温度的不同而呈现不同的颜色。热斑的形成原因很多，通过红外图像分析热斑形成的原因，见表7-4。

 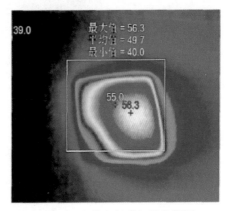

图7-6　正常组件红外热像图　　　　　图7-7　热斑组件红外热像图

表7-4　　　　　　　　　　　　热斑成因分析

描述	红外热像图	形成原因
单点过热		局部遮挡，如树叶、杂草、鸟类、电线等

描述	红外热像图	形成原因
多点过热		互联条不清洁造成污染、隐裂或断栅
组件中间单片过热		电池缺陷
组件下框边缘电池片过热		灰尘遮挡
多片不规则过热		焊带虚焊

续表

描述	红外热像图	形成原因
接线盒处过热		二极管质量问题或连接松动
一串电池片过热		低效电池片的混用

根据各个光伏组件的红外图像特征,从被测组件中选取 4 个具有代表性的光伏组件(规格、型号完全相同),各项标称参数见表 7-5。

表 7-5 　　　　　　　　　　光 伏 组 件 标 称 参 数

组件参数	标称值	组件参数	标称值
组件型号	LDK-260P-20	短路电流 I_{sc}	8.82A
峰值功率 P_{max}	260W	标定工作温度	(45±2)℃
峰值电压 U_{mp}	30.8V	熔丝额定电流	15A
峰值电流 I_{mp}	8.47A	最大系统电压	1000V
开路电压 U_{oc}	38.1V		

对 4 个典型光伏组件进行 I-V 特性测试,得到表 7-6 所示结果。

表 7-6 　　　　　　　　　　光伏组件性能参数实测值

性能参数	组件 1	组件 2	组件 3	组件 4
开路电压(V)	34.23	35.34	32.56	31.72
短路电流(A)	6.91	7.38	7.06	7.27
最大功率点电压(V)	26.38	27.38	27.31	27.45

续表

性能参数	组件 1	组件 2	组件 3	组件 4
最大功率点电流（A）	6.54	7.16	6.71	6.80
峰值功率（W）	178.49	201.20	166.63	185.05
辐照度（W/m²）	678	820	809	854
温度（℃）	44.9	44.3	45.3	46.4
组件效率	16.13%	15.02%	12.62%	13.28%

将表 7-6 中的组件性能参数实测值转换到辐照度 1000W/m²、温度 25℃标准测试条件下的组件参数，可以更准确地反映光伏组件的性能，转换结果如表 7-7 所示。

表 7-7 标准测试条件下（辐照度 1000W/m²，温度 25℃）光伏组件性能参数

性能参数	组件 1	组件 2	组件 3	组件 4
开路电压（V）	37.90	37.47	36.19	35.34
短路电流（A）	8.46	8.16	7.85	7.87
最大功率点电压（V）	29.02	29.98	29.98	30.13
最大功率点电流（A）	7.98	7.88	7.40	7.32
峰值功率（W）	239.20	240.03	215.65	212.05
辐照度（W/m²）	1000	1000	1000	1000
温度（℃）	25	25	25	25
组件效率	14.66%	14.71%	13.21%	12.99%

由表 7-7 可知，组件 3、4 的峰值功率和效率均有所下降。与组件 1、2 相比，组件 3、4 发生了一定程度的热斑效应。与正常组件相比，发生热斑效应的组件效率明显降低，如果热斑组件的数量逐年增加，将造成光伏电站发电量大幅减少，为电站的安全运行埋下隐患。

（三）监督建议

导致热斑效应出现的主要原因之一是由于光伏组件受到遮挡，在遮挡状态下运行的光伏组件因为输出功率不匹配，串联支路中被遮挡的光伏组件相当于负载，消耗了其他光伏组件的部分输出功率，将这部分电能转化为热能，被遮挡的光伏组件将会发热。长期在这种状态下运行，光伏组件会加速老化，严重影响整个光伏阵列的安全运行，因此需加强对光伏组件的检查，以便及时发现问题。针对光伏组件遮挡热斑问题提出以下建议：

（1）在光伏电站的设计站厂址选择阶段，应考虑周边环境，避免光伏组件安装位置受到树木、建筑物的遮挡，同时对光伏方阵间距、光伏组件的倾角和高度进行合理的设计，避免光伏组件之间发生相互遮挡产生热斑效应。

（2）对雨雪、风沙、植被、鸟粪等类型的遮挡，光伏电站维护人员应及时清除组件

表面及附近的杂草等异物,定期对光伏组件表面进行清洗,及时发现并处理组件表面沾染或堆积的土块、杂草和鸟粪等,以免引起热斑现象。

(3)避免发生组件表面玻璃破裂形成热斑,一是要在组件安装前检查好光伏组件,提前发现组件存在的质量缺陷;二是在光伏组件搬运或组装的过程中小心操作,避免人为操作引起光伏组件断裂问题。

二、光伏组件背板外层材料老化问题分析

(一)事件概况

西北地区某光伏电站已并网运行 6 年,在拆下的光伏组件中发现背板外层材料老化问题。该光伏组件的具体参数情况如表 7-8 所示,实物照片如图 7-8 所示。

表 7-8　　　　　　　　　　实验用光伏组件的铭牌参数

参数	数值	参数	数值
标称功率 P（W）	245	最大功率点电压 U_{mp}（V）	30.2
开路电压 U_{oc}（V）	37.4	最大功率点电流 I_{mp}（A）	8.12
短路电流 I_{sc}（A）	8.69		

(二)事件分析

将光伏组件背板外层材料划分为光伏电池中心区域、光伏电池边缘区域及光伏组件边缘区域三个测试区域。对外层材料的厚度、反射率(波长范围 380~1100nm)、光泽度、耐磨性及材料的表面微观形貌等参数进行测试,分析户外光伏组件背板外层材料的老化程度。

1. 背板外层材料厚度、反射率、光泽度及耐磨性

在三个测试区域定量测试光伏组件背板外层材料,结果如表 7-9 所示。

图 7-8　光伏组件的照片

表 7-9　　　　不同测试区域的光伏组件背板外层材料的定量测试结果

测试区域	厚度（μm）	反射率（%）	光泽度	耐磨性（用沙量，L）
太阳电池 中心区域	26.14	75.14	7.9	335
太阳电池 边缘区域	25.98	76.63	10.4	352
光伏组件 边缘区域	27.74	78.85	13.6	364

由表7-9可知，光伏组件边缘区域的背板外层材料的厚度最大（即厚度损失最小）、反射率最大、光泽度最大且耐磨性最好，说明该区域的背板外层材料的老化程度最轻；光伏电池中心区域的反射率最小、光泽度最小、耐磨性最差，说明该区域的背板外层材料的老化程度最严重。

2. 背板外层材料的表面微观形貌

在三个测试区域分析背板外层材料表面的微观形貌，结果如图7-9所示。

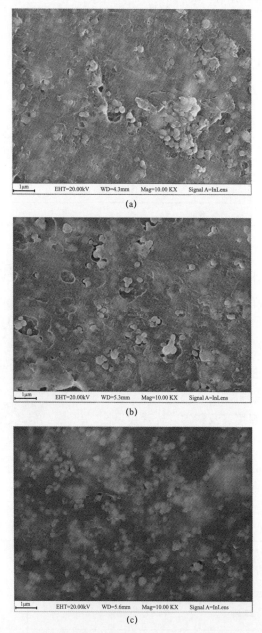

图7-9　三个测试区域光伏组件背板外层材料的表面微观形貌

（a）光伏电池中心区域；（b）光伏电池边缘区域；（c）光伏组件边缘区域

从图 7-9 可以看出，光伏电池中心区域和光伏电池边缘区域的背板外层材料表面均出现了一定程度的粉化现象，且有填充物露出，尤其是光伏电池中心区域的背板外层材料表面较为明显，造成光伏电池中心区域的背板外层材料的反射率、光泽度及耐磨性结果偏低；光伏组件边缘区域的背板外层材料表面未出现粉化现象，填充物仍与材料融为一体。上述结果表明，与光伏电池中心区域或光伏电池边缘区域相比，光伏组件边缘区域的背板外层材料的老化程度最低，与表 7-9 的测试结果一致。

综合上述分析结果可知，三个区域背板外层材料的老化程度不同，光伏组件背板外层材料呈现出非均匀性老化现象，其中光伏组件边缘区域的背板外层材料的老化程度最低。

（三）监督建议

由于光伏电站一般都处于高海拔的偏远地区或沙漠地区，光伏电池板长期处于暴晒、风沙、雨雪等恶劣天气环境中，随着光伏电站运行年限的不断增加，光伏组件的故障及老化问题会逐渐显现，大大降低光伏组件发电效率。应加强日常维护和技术监督检查：

（1）光伏组件和边框为一个整体，边框对光伏组件边缘区域的背板外层材料造成遮挡，应定期检查光伏组件边框及其附件是否有开裂、弯曲及不规整等现象，及时维修或更换问题光伏组件，以免影响光伏组件的发电性能。

（2）应定期检查光伏组件的密封情况，及时发现由于空气中的水蒸气对其产生腐蚀作用引起的光伏组件异常老化问题。

（3）加强光伏组件运行状态的监测，加强对光伏组件的温度检测，对异常温度定位，避免由于工作温度过高引起光伏组件局部老化。

三、光伏组件热击穿故障分析

（一）事件概况

某光伏电站运行中的光伏组件发生了热击穿故障，如图 7-10 所示，光伏电池的热击穿故障导致组件背板被烧穿、鼓包和正面的玻璃碎裂。

（二）事件分析

如表 7-10 所示，某单晶硅光伏电池组件在热击穿损坏后，组件功率、开路电压、短路电流以及组件效率等参数严重下降。

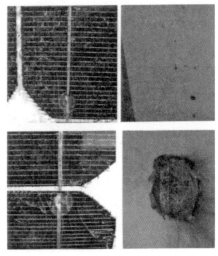

图 7-10　单晶硅光伏电池组件热击穿照片

表 7－10　　某单晶硅光伏电池组件初始与热击穿损坏后的电性能参数对比

参数	初始性能	组件损坏后性能
最大功率点功率 P_{mpp}（W）	165.28	52.94
最大功率点电压 U_{mpp}（V）	36.39	33.90
最大功率点电流 I_{mpp}（A）	4.54	1.56
填充因子 FF（%）	75.72	59.27
开路电压 U_{oc}（V）	44.50	43.26
短路电流 I_{sc}（A）	4.91	2.06
工作电流 I_{op}（24V 以下，A）	4.75	1.78
效率 EFF（%）	15.31	4.71

对性能下降严重的组件进行缺陷测试分析，缺陷测试照片［见图7-11（a）］显示组件电池片碎裂非常严重，72 片中只有 11 片完整未碎裂，第 3、4 串矩形和圆形区域处均为热击穿造成 P－N 结损坏。某些区域的电池片已经由于碎裂完全从串联电池串中脱离，显示黑色。如图7-11（b）所列，第 3 行第 11 列矩形处，在热击穿损坏后由原先隐裂变为明显断裂。这种情况下损坏电池片消耗这一串中其他所有完好电池片的输出能量，使损坏电池片发热。损坏电池片处于热击穿的过程中，使晶片处于负阻状态，在反偏电压作用下，耗散功率增加，产生大量热使温度急剧升高，直至 P－N 结损坏。

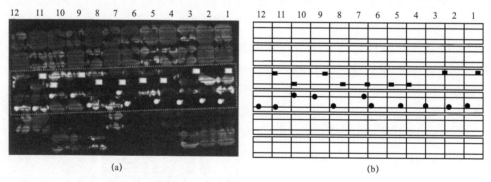

(a)　　　　　　　　　　　　　　　　　(b)

图 7－11　组件进行缺陷测试分析
（a）电池片隐裂组件的缺陷测试照片；（b）对应电池片的简化矩阵

光伏组件中 24 片电池（2 串）并联一个旁路二极管，其中连接 3、4 串和 5、6 串的两个旁路二极管烧坏，正反向都处于导通状态，原因为光伏电池热击穿产生的电流超过旁路二极管的额定工作电流。

产生上述组件热击穿的主要原因是组件层压过程和装配过程中电池的裂片和隐裂，进而引起组件损坏。

（三）监督建议

光伏组件的热击穿严重影响组件的安全和使用性能，应采取有效措施降低光伏组件热击穿现象发生，对提高光伏电站运行稳定性具有重要意义。通过以上分析可知，单晶硅光伏组件发生热击穿现象的主要原因是生产环节质量不过关，光伏组件存在隐裂和裂片，为运行后产生热击穿现象埋下隐患。提出以下建议措施：

（1）加强对单晶硅光伏组件生产质量控制，严格执行单晶硅电池片生产工艺要求，监控硅料使用，避免电池生产中出现缺陷进而对组件的安全性能和使用性能产生严重影响。

（2）多晶硅太阳光伏组件也存在热击穿现象，这是由铸造多晶硅工艺本身决定的，应严格遵照材料、电池、组件各层面的标准要求，避免多晶硅本身存在大量高密度缺陷。

（3）由于层压和装配过程中的电池裂片和隐裂是引起光伏组件出现热击穿的主要因素，因此应在光伏组件出厂前进行检测，严格把控组件电池片中出现的细小裂纹和裂片等缺陷。同时，在运输、安装过程中，做好组件的保护措施，加强安装人员施工管理监督，避免组件受力不均匀或剧烈振动造成电池片的隐裂。

第八章

逆变器及汇流箱技术监督

光伏逆变器是太阳能光伏发电系统的核心部件之一，负责将光伏电池所发直流电转化成交流电送入交流电网，主要类型包括集中式逆变器、组串式逆变器和集散式逆变器。在光伏电站工程设计中，不同类型的逆变器运用对于系统可靠性、系统损耗、系统成本影响均不同。光伏汇流箱是将光伏组件串并联后汇集电能的关键设备，还可实时采集和上传光伏组件的电压、电流等重要数据，为分析、判断光伏组件缺陷、故障提供可靠数据支持，对光伏电站运行监控及运行数据分析对比起到重要作用。

本章以光伏逆变器和汇流箱为研究对象，首先对其类型、结构进行介绍，简要说明其工作原理及作用，然后详细介绍光伏逆变器和汇流箱技术监督的内容以及在实际运行中存在的常见问题，最后根据典型故障案例，深入分析发生故障的原因，并从技术监督的角度给出相关处理建议。

第一节 逆变器及汇流箱简介

一、光伏逆变器

光伏逆变器是把光伏电池所发直流电转化成交流电的装置，光伏逆变器有多种分类方式，根据有无变压器装置，可分为隔离型逆变器和非隔离型逆变器；根据系统功率转换的级数，可分为单级式逆变器、双级式逆变器和多级式逆变器；根据逆变器输出的相数，可分为单相逆变器和三相逆变器。此外，逆变器还可分为集中式逆变器、组串式逆变器及集散式逆变器。

（一）集中式逆变器

集中式逆变器指单机功率超过 50kW 的大型逆变器，主要应用于日照均匀的大型地

面、鱼塘、屋顶等光伏发电系统，系统装机
容量一般在兆瓦级以上。市场上主流的集中
式逆变器产品大多采用三相二电平结构，如
图 8-1 所示，由直流侧电容、逆变器主电路
及交流侧滤波电路三个部分组成。直流侧电
容的作用是支撑和稳定光伏阵列的输出电

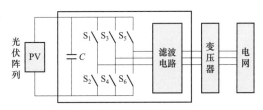

图 8-1　集中式三相二电平逆变器拓扑结构

压，工程中常采用薄膜电容器；逆变主电路通过控制电力电子开关实现直流电到交流电
的转换，同时实现 MPPT 及调频调相功能，并具有防孤岛、故障穿越等功能；交流侧滤
波电路用于消除逆变产生的谐波。

集中式逆变器采用了单路 MPPT 跟踪技术，单机容量以 500kW 和 630kW 为主，随
着技术的发展，单机容量不断增大，现已出现单机容量超过 2MW 的逆变器。

1. 集中式逆变器优点

（1）单机功率大，光伏电站逆变器总体数量少，管理简单，便于维护。

（2）谐波含量较少，电能质量较高，保护功能完备，安全性较高。

（3）具备低电压穿越及功率因数调节功能，电网友好性及电网调节能力强。

2. 集中式逆变器缺点

（1）集中式逆变器单路 MPPT 无法跟踪所有组串的最大功率点，木桶效应导致其直
流母线电压无法真实反映每个组串的电压，这种跟踪方式并不能发挥整个子方阵的最大
功率输出能力。

（2）集中式逆变器占地面积大，加大土建工程工作量，安装不够便捷。

（3）箱体通风散热耗电量大，自身功耗相对较高。

（二）组串式逆变器

组串式逆变器的单机逆变功率较小，一般为 3~50kW，通常应用于占地面积小、
光照不均匀的分布式光伏发电系统中，可灵活地满足不同光照片区的发电需求，集中
式光伏电站也有少量应用。组串式逆变器产品一般采用模块化多支路并联发电形式，
如图 8-2 所示，与集中式三相二电平结构逆变器相比，组串式模块化逆变器每个支路
在直流电容前增加了 DC/DC 斩波电路，用于控制光伏组件输出的直流电压升降。与集
中式逆变器相比，多支路组串保留了不同组串的 MPPT 控制功能，有利于提高整体发电
效率。

组串式逆变器以组串为单位，直流进线侧设置了多路 MPPT，每 2~4 路组串接
入 1 路 MPPT，采用组串式逆变器多路 MPPT 可以最大限度降低组串电压木桶效应，
并跟踪到每路组串的最大功率点。组串式逆变器真正减少了组串不匹配问题。

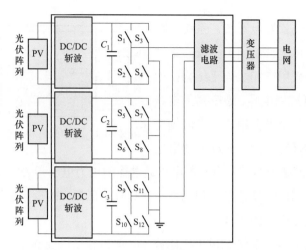

图 8-2　组串式多支路模块化逆变器拓扑结构

1. 组串式逆变器优点

（1）组串式逆变器的多路 MPPT 技术可以最大限度降低组串间输出参数的差异以及阴影遮挡的影响，减少光伏组件最佳工作点与逆变器不匹配的情况，最大程度增加发电量。

（2）体积较小，土建工程量较小，可直接壁挂安装，安装方式灵活多变。

（3）集成度较高，自身功耗相对较小，故障影响小。

2. 组串式逆变器缺点

（1）功率器件电气间隙相对小，元器件较多，集成度较高，稳定性稍差。

（2）户外安装，运行条件相对恶劣，整机老化速度相对较快。

（3）逆变器数量较多，总故障率相对较高，系统监控、运维难度大。

（三）集散式逆变器

集散式逆变器将数量众多的 MPPT 控制优化器前置，实现多路 MPPT 寻优功能，汇流后采用集中逆变的方式，是集中式与组串式逆变方案的结合体。

1. 集散式逆变器优点

（1）与集中式逆变器相比，分散 MPPT 跟踪方式减小了组串失配的概率，降低了组串电压木桶效应带来的发电损失。

（2）与集中式及组串式对比，集散式逆变器前端 MPPT 控制优化器具备 DC/DC 直流升压功能，降低了直流线损。

（3）与组串式逆变器的分散逆变方案相比，集散式逆变器集中逆变在建设成本方面更具优势。

2. 集散式逆变器缺点

（1）与集中式、组串式逆变器相比，集散式逆变器在工程建设中的应用相对较少，其安全性、稳定性以及发电能力等特性有待通过大量工程项目的检验。

（2）集散式逆变器仍然采用集中逆变模式，土建工程量大的缺点也存在于集散式逆变器中。

二、汇流箱

汇流箱是在光伏发电系统中将若干个光伏组件串并联汇流后接入的装置。将光伏组件串直接并联汇流的第一级汇流装置称为一级汇流箱，将一级汇流箱输出的电流再次并联的汇流装置称为二级汇流箱。汇流箱应具有汇流、保护功能，宜具备智能监控功能。采用二级汇流箱的光伏发电系统中，一级汇流箱宜采用智能型汇流箱。

常见的光伏汇流箱内部结构如图 8-3 所示，有多路输入回路、一路输出回路。按输入回路数可以分为 4、8、12、…、32 回路。汇流箱按有无监控单元分为智能型汇流箱和非智能型汇流箱，按安装环境分为室内型汇流箱和室外型汇流箱。

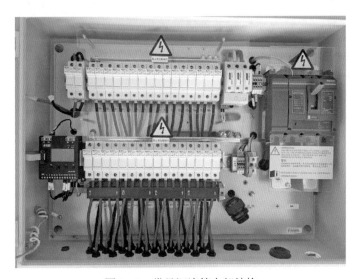

图 8-3　常见汇流箱内部结构

汇流箱主要由箱体、直流断路器、直流熔断器、防反二极管、数据采集模块、直流高压电涌保护单元以及人机界面等构成，各部件功能如下。

1. 箱体

箱体一般采用钢板喷塑、不锈钢、工程塑料等材质，外形美观大方，结实耐用，安装简单方便，防护等级达到 IP54 以上，防水、防尘功能满足户外长时间使用的要求。

2. 直流断路器

直流断路器是汇流箱的输出控制器件，主要用于线路的分、合闸。由于太阳能组件所发电能为直流电，在电路开断时容易产生拉弧，因此，在选型时要充分考虑其温度、海拔降容系数，且应选择光伏专用直流断路器。

3. 直流熔断器

在组件发生倒灌电流时，光伏专用直流熔断器能及时切断故障组串。光伏组件所用直流熔断器是专为光电系统而设计的专用熔断器，采用专用封闭式底座安装，避免组串之间发生电流倒灌而烧毁组件。当发生电流倒灌时，直流熔断器迅速将故障组串退出系统运行，同时不影响其他正常工作的组串，防止光伏组串及其导体受逆向过载电流损坏。

4. 防反二极管

汇流箱中的二极管与组件接线盒中二极管的作用不同。组件接线盒中的二极管在电池片被遮挡时提供续流通道，而汇流箱中的二极管主要是防止组串之间产生环流。

5. 数据采集模块

为便于监控整个电站的工作状态，一级汇流箱内一般均增设数据采集模块。采用霍尔电流传感器和单片机技术，对每路光伏阵列的电流信号（模拟量）采样，经 A/D 转换变成数字量后，变换为标准数字量信号输出，方便用户实时掌握整个电站的工作状态。

6. 直流高压电涌保护单元

直流高压电涌保护单元为光伏发电系统的防雷产品，具有过热、过电流双重自保护功能，可带电更换，并有显示窗口；可带遥信告警装置，利用数据采集模块，实现远程监控。

7. 人机界面

数据采集单元设有人机界面，可查看设备的工作实时状态，通过键盘来实现设备参数的本地设定。

 第二节 监督内容及设备维护

一、技术监督常见问题

（一）逆变器

光伏逆变器由电路板、熔断器、功率开关管、电感、继电器、电容、显示屏、风扇、散热器、结构件等部件组成。逆变器的使用寿命可以用木桶理论解释，即逆变器的使用寿命由寿命最短的部件决定，每个部件的故障损坏都会严重影响逆变器的正常运行。逆变器常见故障有功率开关管故障、电容故障、显示屏故障、风扇故障等。

由于光伏逆变器中的功率开关元器件经常运行在大电流、高电压、高频率开合且不停机连续工作的状态下，造成元器件温度升高，持续的高温环境容易加快设备老化，导致设备的稳定性、可靠性显著下降，发生功率开关器件开路或短路故障的风险和概率大大提高。下面对逆变器开关管 IGBT 开路/短路的故障进行分析说明。

1. IGBT 开路故障

在高频开关工作模式下，IGBT 功率不断循环，其通态损耗、断态损耗和开关损耗引起的管芯发热，再叠加夏季高温，如遇到散热系统故障，模块温度短时间内迅速升高。如果 IGBT 长时间工作在高温环境，系统会降低功率运行或停机。在功率不断循环下，内部材料在热应力作用下形变程度不一致，还会产生键合线脱落或断裂、焊料层疲劳、铝金属重构等热应力失效，IGBT 严重断裂失去开关能力就会发生 IGBT 开路故障，应及时更换 IGBT。另外，逆变器控制系统与主电路通信故障、控制器驱动接口松动等造成驱动信号丢失，IGBT 一直处于关断状态，相当于 IGBT 发生开路故障。控制程序运行错误产生的错误控制指令会造成并网电流质量下降，软件程序经过谐波分析后使系统停机。此类故障发生概率较低，可通过纠正软件程序或恢复通信电路快速重新投入运行。

2. IGBT 短路故障

外部雷击、直流侧电压源过电压、驱动电路 IGBT 控制电压超过安全范围、内部开通关断过程中杂散电感感应过电压及避雷器、压敏电阻、缓冲抑制电路等过电压抑制电路无法降低集−射两端电压，可能导致 IGBT 短时间内被击穿，引起 IGBT 短路故障。另外，由于错误的驱动信号导致 IGBT 一直处于导通状态，如果某相上桥臂 IGBT 一直导通，该相下桥臂 IGBT 一旦导通，将与直流源形成回路，由于回路电阻较小，将会产生大电流，系统如果没有检测到故障，IGBT 长时间承受大电流，温度快速上升，模块可能会烧毁，严重时可能发生爆炸。IGBT 短路故障的最直接表现是逆变器过电流，对于严重的过电流，快速熔断器、快速断路器过电流继电器率先动作，及时将逆变器与直流电压源、交流电网断开。对于直流电压源欠电压/过电压、交流电网过电压/欠电压，可以增加支撑电容或者引入电压外环构成双闭环控制尽可能保证电压稳定。对于全控型器件，如果有传感器可以检测到流经 IGBT 的电流，则可以选取合适的阈值，一旦接收的电流数据大于阈值立刻封闭 IGBT 驱动信号，但可能对短暂的假过流误动作。

此外，逆变器的有功功率控制能力、电压/无功调节能力、电压和频率适应性、故障电压穿越能力、电能质量等对光伏电站的并网性能具有重大影响，如光伏电站逆变器不具备合格的性能，整站并网严重影响电网安全稳定运行，在电网出现故障或扰动可能发生大规模脱网事故。

（二）汇流箱

在光伏发电系统中，汇流箱是保证逆变器输出电缆的有序连接和汇流功能的接线装置，在维护、检查时易于切断电路，故障时可减小停电的范围。汇流箱常见故障有以下几种。

1. 通信故障

光伏电站的通信系统故障可以及时发现、快速处理，防止事故扩大并减少电量损失。由于山地光伏的施工难度较大，部分通信电缆敷设深度达不到规范要求，导致通信电缆易中断，且大电流电缆、设备较多，容易对通信电缆形成干扰。雷电波导致的电源模块、测控模块、串口板等硬件损坏等是造成通信故障的主要原因。因此，对雷电发生率较高的区域，应重视汇流箱及通信设备的防雷措施，选用防雷特性好的汇流箱及通信设备厂家；对老旧的汇流箱设备，在汇流箱及串口加装防雷模块可有效防止雷电感应导致的设备频繁损毁，增强通信稳定性。

2. 支路熔断器熔断故障

此类故障主要是由于熔断器机械疲劳造成熔体受损导致的，熔断器额定电流偏小是加快熔体机械疲劳的主要原因。即熔断器受温度变化影响，引起熔体的伸长和收缩，这个过程中熔体的伸缩会受到填料石英砂的阻碍而产生机械应力，在重复的机械应力下，熔体强度薄弱处会产生机械疲劳损坏。温度变化可能由自然环境温度、光伏组件受不同光照产生不同电流引起。实际使用过程中，熔体温度偏高，熔断器额定电流偏小，会加速熔体机械疲劳，造成汇流箱熔断器频繁熔断。

3. 防反二极管故障

由于汇流箱安装在室外，且受到密封性能较好和阳光直射等外界因素影响，二极管的实际工作环境温度较高，在实际工程中存在防反二极管由于温度过高而将引线烧断的情况。

4. 断路器跳闸故障

该故障属于汇流箱本体故障。当出现断路器跳闸时，需用万用表对断路器正负极开路电压进行测量，若数据正常，可再次送电；若不正常，可将汇流箱支路熔丝全部分开，逐个测试开路电压，查明故障支路。当显示面板无数据时，需查看面板上端电源进线是否紧固牢靠，并用万用表测量进线电源是否带电。

5. 汇流箱烧毁故障

光伏电站长期运行会存在线路发热、老化现象，若未及时处理可会引起短路，如汇流箱直流输出侧短路，若短路电流未能及时从系统中切除，会导致事故扩大至逆变器交流输出侧，进而引起汇流箱及其相关设备损坏或烧毁。

二、技术监督内容

（一）逆变器

（1）检查逆变器测试项目是否齐全，应包括外观与结构检查、环境适应性测试、安全性能测试、电气性能测试、通信测试、电磁兼容性测试、效率测试、标识耐久性测试。

（2）检查被测逆变器标牌、标识、标记是否完整清晰，外观及结构无明显变形，油漆或电镀应牢固、平整，无剥落锈蚀及裂痕等现象。

（3）检查机架面板是否平整，文字和符号要求清楚、整齐、规范、正确；检查开关是否灵活可靠。

（4）检查逆变器中各电路最低防护水平是否满足要求，应根据逆变器中各电路的决定性电压等级确定，电击防护要求包含直接接触防护和间接接触防护。

（5）检查逆变器电气间隙和爬电距离是否满足要求，绝缘两端的电压基频高于 30kHz 时，绝缘还应满足 GB/T 16935.1—2008《低压系统内设备的绝缘配合　第 1 部分：原理、要求和试验》的规定，高频工作电压下电气间隙和爬电距离应符合 GB/T 16935.4—2011《低压系统内设备的绝缘配合　第 4 部分：高频电压应力考虑事项》的规定。

（6）检查棱、边缘、凸起、拐角、孔洞、护罩和手柄等操作人员能够接触的部位是否光滑。

（7）逆变器的散热风机等运动部件应符合要求，通过拆卸才能接触到危险部位的盖子或零部件上要有警告标识。

（8）非固定到建筑构件上的逆变器应安装稳定可靠。打开逆变器时应自动开启保持稳定作用的装置或具有警告标识。

（9）与不接地的光伏方阵连接的逆变器应具有光伏方阵直流绝缘阻抗的检测功能。

（10）检查逆变器标识的图形符号是否满足 GB/T 37408—2019《光伏发电并网逆变器技术要求》附录 A 的相关要求。

（11）检查警告标识的可见性和易辨性。警告标识在设备正常使用状态时应不可缺失且清晰可见，应标识在零部件之上或附近易辨认区域。

（12）逆变器文档应包含逆变器操作、安装和维护的相关信息，以及所使用的图形符号的含义。

（13）逆变器应能根据电压输入情况，或故障及故障恢复后等情形，实现对应的自动开机、关机操作。

（14）应至少每半年对逆变器装置清洁一次，每年对逆变器紧急停机功能检查 1～2 次，开展逆变器紧急停机及远程启停试验。

（15）逆变器的有功功率控制能力、电压/无功调节能力、电压和频率适应性、故障电压穿越能力、电能质量应按照 GB/T 37408—2019《光伏发电并网逆变器技术要求》和 NB/T 32004—2018《光伏并网逆变器技术规范》的规定进行型式试验测试，并出具测试合格报告。

（二）汇流箱

（1）检查汇流箱外观，表面应无砂粒、锈蚀、褶皱和流痕等缺陷；汇流箱的箱体应牢固、平整，表面应光滑平整。

（2）检查汇流箱安全警示标识、铭牌及内部元件、电缆等标识、标牌的牢靠、清晰、完好性；检查汇流箱是否在显著位置标有箱内金属部件带电的警示标志；检查机架面板是否平整，文字和符号应清楚、整齐、规范、正确。

（3）检查汇流箱门锁扣等各种锁扣应便于操作，密封良好、动作可靠。

（4）检查箱内接线牢固度、熔断器及其底座完好性。

（5）检查电源模块，检查电缆穿线孔防火封堵应严密。

（6）检查汇流箱中的导电部件是否有效接地，检查接地线颜色、标识以及连接可靠性，接地电路中的任何一点到接地端子之间的电阻应不超过 0.1Ω。

（7）检查汇流箱输出端是否配置防雷器，正极、负极均应具备防雷功能，应符合 GB/T 32512—2016《光伏发电站防雷技术要求》及 GB/T 34936—2017《光伏发电站汇流箱技术要求》的规定。

（8）检查光伏组件串保护功能是否满足 GB/T 34936—2017《光伏发电站汇流箱技术要求》的规定。

（9）检查汇流箱的采集和告警功能是否满足要求。汇流箱宜采集光伏组件串电流和电压，采集误差不大于 1%，同时采集防雷器当前状态信息，异常情况时能发出告警信号。

（10）检查汇流箱的通信功能和显示功能，应可显示通道电流、母线电压、防雷器当前工作状态等。

（11）检查汇流箱的防护等级及绝缘性能，应符合 GB/T 34936—2017《光伏发电站汇流箱技术要求》的规定。

（12）检查电气间隙和爬电距离是否满足 GB/T 34936—2017《光伏发电站汇流箱技术要求》的规定。

（13）检查浪涌、脉冲群抗扰度、静电放电、湿热性能、机械要求、低温工作、高温工作、温升要求是否满足 GB/T 34936—2017《光伏发电站汇流箱技术要求》的规定。

三、设备维护

（一）逆变器维护

1. 直流系统维护

检查直流配电柜内各个接线端子，处理松动、锈蚀问题。检测直流输出母线的正极对地、负极对地的绝缘电阻，应符合厂商要求。检查维护直流配电系统的直流输入接口与汇流箱的连接、直流输出与并网主机直流输入处的连接，保证连接稳定可靠。同时，测试直流配电柜内的直流断路器，保证动作灵活、性能稳定可靠。直流母线输出侧配置的防雷器应有效。

2. 交流系统维护

检查交流侧电线电缆，对破损、膨胀、龟裂现象进行维护，电缆封堵是否良好，处理电缆沟积水，修复损坏桥架，并及时清理室外电缆井内的堆积物、垃圾。检查并网接触器是否拉弧氧化，断路器灭弧罩及灭弧触头是否氧化。检测冷却风扇启动、运行状况，保证散热功能正常。

（二）汇流箱维护

锁紧光伏汇流箱内熔断座松动螺栓，固定光伏板的输入线松动、断开的接头；监控模块装置显示电流、电压值不正常，应及时更换；若熔丝烧毁，应及时更换，恢复送电后，测量更换回路是否有电流；若防雷器击穿，需要及时更换防雷器，并接好防雷遥信触点。

第三节　典型案例分析

一、光伏逆变器电容故障分析

（一）事故概况

某 20MW 光伏电站 5 区 1、2 号逆变器烧损，现场灭火后及拆卸前的相关照片如图 8-4 所示。

图 8-4　现场相关照片

现场拆分的相关照片如图 8-5 所示。

图 8-5 拆分照片

三相交流滤波电容的分解图片如图 8-6 所示。

图 8-6 三相交流滤波电容分解图片

主接触器的拆分相关图片如图 8-7 所示。

图 8-7 主接触器的拆分图片

（二）事故分析

事故发生当日 09:32:18，5 区 1 号逆变器主接触器故障，1 号逆变器停机，1min 后 1 号逆变器电流过流，再过 1min，该逆变器主接触器故障，1 号逆变器电流过流连续复归。09:35:25 后连续出现 1 号逆变器驱动过流、1 号逆变器 PDP 中断故障、1 号逆变器 A 相驱动过流，大约 2min 后出现 1 号逆变器电流过流、1 号逆变器 B 相驱动过流、1 号逆变器 C 相驱动过流、箱式变压器断路器 2 故障、箱式变压器低压断路器 2 跳闸。经检查发现，主接触器 A、B、C 三相粘连，不能分断，而三相的保护熔断器没有熔断，熔断器下口连接三相交流滤波电容的交流电线过柜体隔板处到电容的三相极柱的电线都烧损，A、C 相和柜体发生短路，柜体隔板处未发现电线穿屏护套残留物，铁板有电线粗细的凹坑损伤，A 相的凹坑损伤比较大，且三相滤波电容的 A 相有液体流出并鼓起，B、C 相极柱与内部连接铜排分开，拆解三相滤波薄膜电容后发现，A 相内部融化短路，导致 A 相电线对地短路粘连主接触器，同时逆变器分闸，C 相与柜体和 A 相相连，C 相同时燃烧与柜体对地短路，导致主接触器 B 相拉弧发热也未分开，保护动作。当日 09:37:44，5 区箱式变压器断路器 2 故障，断路器跳闸，电线着火，散热风机运行，导致柜体的电缆槽盒被火点燃，上方直流侧的所有电容都烧炸，导致交流三相电缆对地短路。控制电缆着火导致光纤、IGBT 的驱动板及电容烧毁，从而导致直流正负极短路，逆变器铜排是铝包铜，内部的控制变压器有融化的铝。

根据分析，事故根本原因是逆变器内部三相滤波薄膜电容存在质量问题，导致液体流出并鼓起，造成内部融化短路，进而烧毁逆变器，更换该型号滤波电容后，未发生类似故障。

（三）监督建议

为防止光伏电站的逆变设备烧损事故发生，应加强对光伏逆变器产品质量监督检查，确保光伏电站的安全运行。光伏逆变器由大量电力电子元器件组成，在设备选型阶段应对其质量进行严格把控，应注意接触电流（常温）、工频耐受电压（常温）、额定输入/输出电气参数验证、转换效率（常温）、谐波和波形畸变（电压总谐波畸变率）、功率因数、直流分量、交流输出侧过/欠电压保护等检验项目。在保证设备质量符合标准的情况下，应仔细阅读说明书，了解日常使用和维护中的注意事项，尽量避免日常不必要的接触。应定期检查其部件的温度和工作状态，在发现数据异常或遇到故障时及时解决，防止事故发生。

二、汇流箱烧毁事故分析

（一）事故概况

某光伏电站总装机容量 50MW，采用集中式逆变器，单机额定容量 500kW，箱式变压器为双分裂式变压器，额定容量 1000kVA，1 台双分裂箱式变压器连接 2 台集中式逆变器，全站共 50 台箱式变压器。

事故当日 16:00，电站运行值班人员在主控视频监控发现 71 区 1 号逆变器附近 1 台汇流箱冒烟，现场检查发现该汇流箱内部着火，起火点位于直流输出断路器上口正母线处，正母线、电源模块、数据采集模块、防雷器烧毁。汇流箱起火后内部气体积聚造成柜门弹开，燃烧物点燃地面干草，火势沿组件背板地面燃烧，向东窜烧近 30m。

受限电影响，全站只有 2 台逆变器处于运行状态，其余逆变器为限功率运行。事故发生时 71 区 1 号逆变器为限功率运行，逆变器直流侧输入断路器、交流侧并网断路器都处于闭合状态。逆变器向下连接 7 台汇流箱，汇流箱直流输出断路器开关为闭合状态，逆变器和汇流箱连接系统如图 8-8 所示。

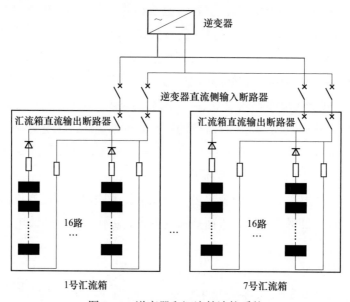

图 8-8　逆变器和汇流箱连接系统

检查 71 区箱式变压器、1 号逆变器及所带 7 台汇流箱，发现除了烧毁汇流箱外，其余 6 台汇流箱电源模块均有不同程度损坏，主要表现为输入电容鼓包漏液、数据采集模块陶瓷气体放电管损坏，逆变器交流侧输出滤波电容烧毁，箱式变压器低压侧低压断路器母排连接的金属氧化物避雷器烧毁。同时，发现组串进线直流熔断器及防反二极管未损坏，直流输出断路器未跳开。测量 1 号汇流箱进线组串，发现 4 条支路短路接地。现场挖开电缆沟并取出电缆，发现 4 根光伏电缆烧结在一起，其中 1 根电缆烧断，在相应进线熔断器底座处发现发热烧灼的痕迹。检查其他汇流箱光伏进线电缆，未见异常。

（二）事故分析

1. 短路点确认

光伏组串进线电缆短路接地后，短路点处形成低阻抗点，其他组串电流汇聚到短路点处，短路组串的防反二极管从正向导通状态过渡至反向饱和状态，短路点只承受组串自身的短路电流，如图 8-9（a）所示，由于短路电流很小，不会引起大的电弧起火，但会导致光伏电缆发热烧结在一起。

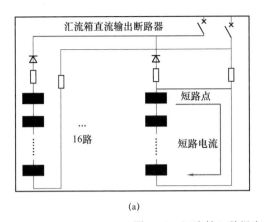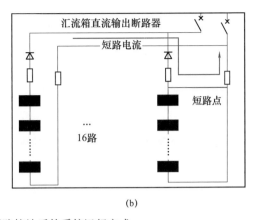

图 8-9　汇流箱 2 种组串短路接地后的系统运行方式

（a）组串电缆接地后防反二极管箝位；（b）组串电缆接地后防反二极管烧毁

如果防反二极管在关断过程中承受较大的反向电压，造成防反二极管反向击穿，短路支路形成较大的电流回路。1 台汇流箱共带 16 路光伏组串，此时短路点将承受其余 15 路光伏组串的短路电流，如图 8-9（b）所示，该电流值远大于支路熔断器的动作电流，短路支路的直流熔断器熔断解除线路接地。根据以上 2 种短路接地运行方式，结合现场事故情况，判定汇流箱直流输出断路器正母线为短路接地故障点。

2. 短路形成原因

1 号汇流箱直流断路器上口正母线处发生短路后，其余 6 台汇流箱所带负荷会通过直流母排汇入短路点，形成短路回路。短路点流过电流接近 864A，而汇流箱直流断路器额定电流 $I_N=250A$，瞬时动作值为 $10I_N$，即 2500A，因此汇流箱直流断路器未跳开。短路点母线短时内通过的电流较大，发生直流拉弧，导致设备起火。短路汇流箱所带 16 路光伏组串同时进入短路状态，防反二极管形成箝位保护，各支路处于内部短路状态，部分支路发热严重，导致电缆烧结。系统运行方式如图 8-10 所示。

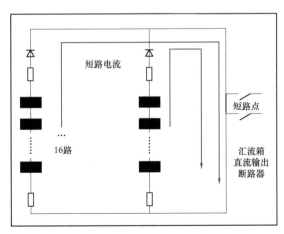

图 8-10　汇流箱输出直流断路器处短路接地后系统运行方式

3. 汇流箱电源模块输入侧电容烧毁

汇流箱电源模块的输入电源取自直流母线，汇流箱直流输出断路器上口正负极引线接至电源模块的输入侧，电源模块输入电压为 800V、输出电压为 24V。电源模块输入侧电容耐压能力为 1200V，事故时输入级短路造成短时瞬态电流增大，在线路上产生过电压击穿电容，导致二次短路，电源模块输入侧电容器烧毁。

4. 逆变器输出滤波器滤波电容烧毁

事故发生时，逆变器限功率运行。虽然单台逆变器输出功率较小，但仍与电网连接，逆变器处在高阻工作状态，其系统电路如图 8-11 所示。

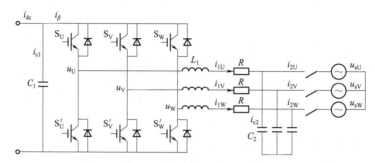

图 8-11　逆变器电路原理图

该光伏电站逆变器采用两级式拓扑结构，前级采用 DC/DC 变换器，实现光伏阵列的最大功率点跟踪，后级采用 DC/AC 并网逆变器。在限功率状态下，逆变器参考功率限定值，三相逆变器电路的导通角较小。此时，系统在最大功率点右侧运行，最大功率点跟踪模块停止直流电压调节，基本保持恒电压输出。事故中逆变器交流输出侧 LC 滤波器的滤波电容和箱式变压器低压侧避雷器均烧毁，初步判断故障发生时开关器件处于导通状态。由于系统控制信号的延时和开关元件动作不一致，系统未进行保护，短路瞬时电流从直流端流入逆变器输出侧，而短路电流未超过逆变电路开关器件的耐受电流，且持续时间较短，因此逆变器功率器件未损坏。瞬间短路可以等效为输出滤波电路工作在短路状态，等效电路如图 8-12 所示。LC 滤波器在短路状态下，电感侧形成较大尖峰电压，造成输出滤波电容烧毁。

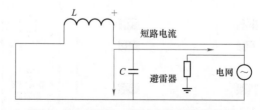

图 8-12　网侧 LC 滤波电路短路等效图

5. 箱式变压器低压侧断路器上口避雷器烧毁

箱式变压器低压侧断路器上口避雷器烧毁，短路电流流入逆变器输出侧，过电流造成与逆变器连接的箱式变压器低压侧避雷器动作，短路电流大于避雷器的标称放电电流，避雷器发热严重导致烧毁。

（三）监督建议

逆变器深度限功率运行状态下，若直流侧发生接地故障，逆变器输出侧流入短路电流后易使故障扩大至线路侧，导致线路跳闸。逆变器输入侧、输出侧断路器分断能力较大，汇流箱输出直流电缆短路接地后，断路器无法动作。汇流箱、逆变器各开关分断能力如表 8－1 所示。

表 8－1　　　　　　　　　　　　汇流箱、逆变器各开关分断能力

项目	汇流箱直流输出断路器	逆变器直流输入断路器	逆变器交流输出断路器
额定电流（A）	250	630	1200
瞬时动作值（A）	2500	6300	7200
额定运行短路分断能力（A）	15000	25000	37500

事故电站光伏区冬季杂草未及时清理，造成火灾隐患。同时，光伏组件正负极直流电缆未分开走线，直流电缆正负极线缆穿插在一起，线路发热、老化易造成短路。

针对该光伏电站事故，建议应对汇流箱定期开展监督排查，内容包括：汇流箱直流开关接线是否紧固、有无破皮；汇流箱电源模块输入滤波电容有无鼓包漏液；检查防反二极管的导通特性，以及汇流箱内光伏组串进线电缆的紧固情况；检查有无明显发热现象。

三、汇流箱通信故障分析

（一）事故概况

某光伏电站对站内 280 个汇流箱 4 个月的运行情况进行统计发现，通信故障累计发生 21 次，支路熔断器熔断故障发生 10 次，防反二极管故障发生 4 次，断路器跳闸故障发生 2 次，汇流箱烧毁故障发生 1 次，统计数据如表 8－2 所示。通信故障占总故障的 55.26%，明显高于其他类型故障；汇流箱通信故障月均 4.2 次，是造成光伏电站汇流箱故障率高的主要因素。

表 8－2　　　　　　　　　　　故 障 类 型 统 计 数 据

故障项目	频次	占比（%）
通信故障	21	55.26
支路熔断器熔断故障	10	26.32
防反二极管故障	4	10.53
断路器跳闸故障	2	5.26
汇流箱烧毁故障	1	2.63

（二）事故分析

针对汇流箱通信故障频发问题，对汇流箱通信故障数据统计分析，如表8-3所示，汇流箱通信模块烧毁故障月均1.8次，占通信总故障的42.86%，是通信系统故障次数偏高的主要原因。

表8-3 　　　　　　　　　　　　汇流箱通信故障数据统计

故障类型	频次					合计（次）	平均（次/月）	占比（%）
通信模块烧毁	2月	3月	4月	5月	6月	9	1.8	42.86
控制面板死机	0	0	1	4	4	2	0.4	9.52
通信元件短路	0	0	1	0	1	2	0.4	9.52
IP冲突	1	0	0	0	1	1	0.2	4.76
通信导线虚接	0	0	0	0	1	1	0.2	4.76
通信模块接地不良	1	0	2	2	1	6	1.2	28.57

汇流箱通信模块故障一般包括电平幅值越限、逆变器运行时高频干扰、感应电动势干扰、通信回路浪涌现象等，分析如下。

1. 电平幅值越限

RS485信号总线传输时，由于电感、电容和电阻，信号传输有一定的延时，电压与电流在传输过程中产生一个与信号波方向相反的反射波。反射波会造成信号振铃、电平不稳、过冲等问题。而电平幅值越限会使芯片发热损坏，甚至烧毁板卡。对RS485通信线的端差信号进行试验分析，电平幅值实测值在规定范围内，排除电平幅值越限造成通信故障。

2. 逆变器运行时高频干扰

共模电压是逆变器运行过程中相对于地产生的，逆变器运行中对共模电压抑制效果不好，产生的干扰信号会通过汇流箱母线经断路器辅助触点、电源板输出回路等途径耦合到通信回路。

通过查阅气体放电管技术参数，通信回路共模电压峰值、上升速度数据满足气体放电管慢速放电动作条件，气体放电管长时间、持续性闪烁放电动作会使面板温度不断升高，导致气体放电管损坏甚至烧毁整个PCB板。

3. 感应电动势干扰

随着白天光照强度增强，汇流箱正负母排间电流不断增加，通信板两端感应电动势也会随之变化，造成板件发热。现场测量了5个汇流箱在光照峰值和低谷值时通信板两端压差数据。

如表8-4和图8-13所示，光照峰值和低谷时通信板两端压差没有明显变化，光照增强感应电动势干扰对汇流箱通信故障影响不大。

表 8-4　　　　　　　　　　电动势干扰测试结果

汇流箱编号	1H03	4H06	9H03	13H05	17H01
测量值（低谷，V）	10.21	10.13	10.11	10.09	10.14
测量值（高峰，V）	10.26	10.15	10.13	10.12	10.16

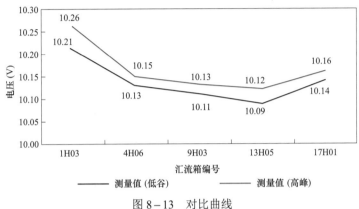

图 8-13　对比曲线

4. 通信回路浪涌过电压干扰

雷击、电力系统内部断路器操作、负荷的投入切除等是设备产生浪涌过电压干扰的主要原因。该光伏电站所处高海拔地区，设备分布于光照充足的坡顶，雷雨季节雷电较多，因此汇流箱通信设备受通信回路形成浪涌等过电压干扰，造成通信元件损坏。如表 8-5 所示，光伏电站在 5～6 月雷雨季节内通信故障发生次数明显增多，由此可见，雷电活动形成浪涌等过电压干扰是造成汇流箱通信故障的主要原因之一。

表 8-5　　　　　　　雷雨季节与非雷雨季节通信故障次数对照

月份（月）	3	4	5	6
汇流箱通信故障次数（次）	1	4	6	8

根据以上分析，光伏电站汇流箱通信故障多的主要原因是逆变器的高频干扰和雷击造成浪涌过电压干扰。

（三）监督建议

作为光伏电站的重要设备，汇流箱在汇流、防护及监测方面起到关键作用。该光伏电站故障占比较大的汇流箱通信故障主要成因是逆变器引入高频电压和雷雨天气对电气回路造成的浪涌过电压干扰。可通过对汇流箱通信模块加装地线和增设浪涌保护器的方法，有效减少汇流箱通信故障的频率，提高通信稳定性，提高设备运行的安全可靠性。

四、汇流箱熔断器故障分析

（一）事故概况

某光伏电站采用 DC 1500V 系统的 24 汇 1 的直流汇流箱，其熔断器频繁熔断。监测汇流箱的运行温度，发现其内部温度普遍高于环境温度 10℃左右。对现场出现故障的熔丝进行 X 光透视图分析，发现部分熔体熔断处有明显的电弧燃烧痕迹，考虑是熔体受损后熔断造成的，而部分熔体熔断处无电弧燃烧痕迹，熔体明显受损折断。

光伏电站选用 A、B 两种型号组件，功率均为 380W。两种组件参数见表 8-6。

表 8-6 　　　　　　　　　　　　 光 伏 组 件 参 数

参数	A 型	B 型
开路电压 U_{oc}（V）	48.71	48.8
最大功率电压 U_{mp}（V）	40.03	40.03
短路电流 I_{sc}（A）	10.05	9.94
最大功率电流 I_{mp}（A）	9.50	9.43

（二）事故分析

根据熔丝熔断情况，判断故障是由于熔断器机械疲劳造成熔体受损而产生的，结合实际数据对该推断进行详细论证。

IEC 60269-6《低压熔断器 第 6 部分：太阳能光伏系统保护用熔断体的补充要求》要求光伏系统熔断器额定电流应考虑环境温度及负载情况下组串可能出现的最大短路电流，并规定在温度 45℃、最高辐照度 1200W/m² 情况下，熔断器额定电流 I_N 应满足大于 1.4 倍短路电流 I_{sc} 的要求。

考虑汇流箱散热性能、24 路输入共 48 组熔断器集中布置对汇流箱中温升，以及汇流箱内最高温度要求为 45℃等影响因素，根据光伏电站中两种光伏组件短路电流 I_{sc} 分别为 10.05A 和 9.94A，计算得出 $I_N > 1.4 I_{sc} = 1.4 \times 10.05 = 14.07$A，现场直流汇流箱熔丝额定电流 I_N 为 15A，满足要求。

IEC 62548—2016《光伏（PV）阵列 设计要求》也对光伏熔断器额定电流作了相关规定，与 IEC 60269-6 中的要求略有不同，熔断器额定电流应满足 $1.5 I_{sc} < I_N < 2.4 I_{sc}$。按照 IEC 62548 的规定计算，对于 A 型组件，$I_N > 1.5 I_{sc} = 1.5 \times 10.05$A $= 15.075$A，选择 15A 额定电流熔断器略小；对于 B 型组件，$I_N > 1.5 I_{sc} = 1.5 \times 9.94$A $= 14.91$A，选择 15A 额定电流熔断器满足要求。

现场改用 20A 熔断器后，故障现象明显减少，20A 熔断器选型要求应同时满足

IEC 62548 和 IEC 60269 – 6 的规定。同时，采用 20A 熔断器相比 15A 熔断器熔体负载率更低，抗机械疲劳老化能力强。

（三）监督建议

该光伏电站汇流器熔断器熔丝熔断故障主要原因是所选熔断器额定电流偏小。建议光伏电站熔断器的选型应依据组件短路电流，考虑熔断器现场环境运行工作温度，选择符合要求的熔断器，避免直流拉弧现象。如有条件汇流箱选用带拉弧检测功能和具有抗疲劳老化能力的产品，可以延长熔断器使用寿命，提高光伏设备运行可靠性。

第九章

新能源涉网性能技术监督

新能源发电设备的可靠运行对电力系统安全稳定运行十分重要，第二～八章从新能源场站发电设备及其关键部件可靠运行方面介绍了技术监督内容及典型案例。随着新能源在电力系统中的占比不断提高，新型电力系统呈现出电力电子设备占比高的特性，使电网的故障形态更加复杂，对电网运行和调度水平提出了新的挑战与要求。新能源的涉网性能主要包括电能质量、功率控制能力、故障电压穿越能力、电网适应性、功率预测、一次调频等，这些涉网性能应满足新能源接入电力系统的要求，以保证不会对电力系统造成冲击和扰动，并在必要时能为电力系统提供有力的支撑，提升网源协调运行水平。

本章首先介绍新能源涉网性能技术监督的内容，然后结合实际技术监督工作中遇到的典型案例，分析新能源场站在涉网性能方面存在的共性问题，并给出相关整改建议和措施。

第一节 新能源涉网性能技术监督内容

一、电能质量技术监督

随着新能源发电在电网中所占比例越来越大，风电场和光伏电站并网对电网电能质量的影响也日益突出。目前主流的双馈型和直驱型风电机组和光伏逆变器，均采用电力电子变换装置实现并网发电和运行特性控制。这些电力电子设备的大量使用，影响新能源场站并网的电能质量，对电力系统安全稳定运行产生非常大的影响。因此，有必要通过技术监督掌握新能源场站的电能质量状况，加强电能质量管理，保证新能源场站向电网注入质量达标的电能。

电能质量技术监督内容应包括新能源场站并网点的谐波、电压偏差、电压波动和闪变、三相电压不平衡度、频率偏差等指标的检测内容、周期及方法，以及电能质量测试仪、监测仪等相关设备的检验。

（一）电能质量指标监督

1. 谐波

谐波是指对周期性交流量（包括电压和电流）进行傅里叶级数分解，得到频率为基波频率大于 1 整数倍的分量。谐波次数是指谐波频率与基波频率的整数比，从周期性交流量中减去基波分量后得到各次谐波的含量，周期性交流量中含有的第 h 次谐波分量的方均根值与基波分量的方均根值之比（用百分数表示）得到第 h 次谐波含有率。周期性交流量中的所有次谐波含量的方均根值与基波分量的方均根值之比（用百分数表示）得到总谐波畸变率。

风电场和光伏电站接入电网后，公共连接点的谐波应满足 GB/T 14549—1993《电能质量　公用电网谐波》的规定，间谐波应满足 GB/T 24337—2009《电能质量　公用电网间谐波》的规定。谐波限值要求如下：

（1）谐波电压限值。新能源场站接入电网公共连接点的各次谐波电压含有率和电压总谐波畸变率限值应满足表 9−1 的要求。220kV 电压等级接入电网公共连接点的电压总谐波畸变率和各次谐波电压限值参照 110kV 要求执行。

表 9−1　　　　　　　　　　　谐 波 电 压 限 值

电网标称电压（kV）	电压总谐波畸变率（%）	各次谐波电压含有率（%）	
		奇次	偶次
0.38	5.0	4.0	2.0
6	4.0	3.2	1.6
10			
35	3.0	2.1	1.2
66			
110	2.0	1.6	0.8

（2）谐波电流限值。新能源场站接入电网公共连接点的各次谐波电流允许值应满足表 9−2 的要求。新能源场站 220kV 电压等级接入电网公共连接点的各次谐波电流允许值参照 110kV 要求执行。新能源场站向电网流入的谐波电流允许值应按照场站容量与公共连接点上具有谐波源的发/供电设备总容量之比进行分配。

当新能源公共连接点的最小短路容量不同于表 9−2 的基准短路容量时，各次谐波电流含量限值按新能源场站最小短路容量与相应电压等级的基准短路容量换算，见式（9−1）

$$I_h = \frac{S_{k1}}{S_{k2}} I_{hp} \qquad (9-1)$$

式中　S_{k1}——公共连接点的最小短路容量，MVA；

　　　S_{k2}——基准短路容量，MVA；

　　　I_{hp}——第 h 次谐波电流允许值，A；

　　　I_h——短路容量为 S_{k1} 时的第 h 次谐波电流允许值，A。

表 9-2　　　　　　　　　　注入公用连接点的谐波电流允许值

标称电压（kV）		0.38	6	10	35	66	110
基准短路容量（MVA）		10	100	100	250	500	750
谐波次数及谐波电流允许值（A）	2	78	43	26	15	16	12
	3	62	34	20	12	13	9.6
	4	39	21	13	7.7	8.1	6
	5	62	34	20	12	13	9.6
	6	26	14	8.5	5.1	5.4	4
	7	44	24	15	8.8	9.3	6.8
	8	19	11	6.4	3.8	4.1	3
	9	21	11	6.8	4.1	4.3	3.2
	10	16	8.5	5.1	3.1	3.3	2.4
	11	28	16	9.3	5.6	5.9	4.3
	12	13	7.1	4.3	2.6	2.7	2
	13	24	13	7.9	4.7	5.0	3.7
	14	11	6.1	3.7	2.2	2.3	1.7
	15	12	6.8	4.1	2.5	2.6	1.9
	16	9.7	5.3	3.2	1.9	2.0	1.5
	17	18	10	6.0	3.6	3.8	2.8
	18	8.6	4.7	2.8	1.7	1.8	1.3
	19	16	9.0	5.4	3.2	3.4	2.5
	20	7.8	4.3	2.6	1.5	1.6	1.2
	21	8.9	4.9	2.9	1.8	1.9	1.4
	22	7.1	3.9	2.3	1.4	1.5	1.1
	23	14	7.4	4.5	2.7	2.8	2.1
	24	6.5	3.6	2.1	1.3	1.4	1
	25	12	6.8	4.1	2.5	2.6	1.9

（3）间谐波电压限值。新能源场站接入 220kV 及以下电网公共连接点的各次间谐波电压限值应满足表 9-3 的要求。频率 800Hz 以上的间谐波电压限值还在研究中，频率低于 100Hz 限值的依据见表 9-4。

表 9-3　　　　　　　　　　　　间谐波电压含有率限值

电压等级	频率（Hz）	
	＜100	100～800
1000V 及以下	0.2	0.5
1000V 以上	0.16	0.4

表 9-4　　　　　　$P_{st}=1$ 条件下间谐波电压含有率与间谐波次数关系数值

间谐波次数 ih	间谐波频率 f_{ih}（Hz）	间谐波电压含有率（%）
0.2＜ih＜0.6	10＜f_{ih}≤30	0.51
0.6＜ih＜0.64	30＜f_{ih}≤32	0.43
0.64＜ih＜0.68	32＜f_{ih}≤34	0.35
0.68＜ih＜0.72	34＜f_{ih}≤36	0.28
0.72＜ih＜0.76	36＜f_{ih}≤38	0.23
0.76＜ih＜0.84	38＜f_{ih}≤42	0.18
0.84＜ih＜0.88	42＜f_{ih}≤44	0.18
0.88＜ih＜0.92	44＜f_{ih}≤46	0.24
0.92＜ih＜0.96	46＜f_{ih}≤48	0.36
0.96＜ih＜1.04	48＜f_{ih}≤52	0.64
1.04＜ih＜1.08	52＜f_{ih}≤54	0.36
1.08＜ih＜1.12	54＜f_{ih}≤56	0.24
1.12＜ih＜1.16	56＜f_{ih}≤58	0.18
1.16＜ih＜1.24	58＜f_{ih}≤62	0.18
1.24＜ih＜1.28	62＜f_{ih}≤64	0.23
1.28＜ih＜1.32	64＜f_{ih}≤66	0.28
1.32＜ih＜1.36	66＜f_{ih}≤68	0.35
1.36＜ih＜1.4	68＜f_{ih}≤70	0.43
1.4＜ih＜1.8	70＜f_{ih}≤90	0.51

2. 电压偏差

电压偏差是指电力系统各处的实际运行电压对系统标称电压的偏差相对值，用百分比表示。风电场和光伏电站接入电网后，公共连接点的电压偏差应满足 GB/T 12325—2008《电能质量　供电电压偏差》、GB/T 19963.1—2021《风电场接入电力系统技术规定　第 1 部分：陆上风电》、GB/T 19964—2012《光伏发电站接入电力系统技术规定》的规定。电压偏差限值要求如下：

（1）10kV 电压等级接入的新能源场站公共连接点的电压偏差应在标称电压的±7%

范围内。

（2）35kV 电压等级接入的新能源场站公共连接点的电压正、负偏差绝对值之和不应超过标称电压的 10%，电压上下偏差同号（均为正或负）时，按较大的偏差绝对值作为衡量依据。

（3）110kV 和 220kV 电压等级接入的风电场和光伏电站公共连接点的电压偏差应在标称电压的 −3%～+7%范围内，通过 220kV 汇集升压至 500kV 的场站，并网点电压控制在标称电压的 0～+10%范围内。

3. 电压波动和闪变

电压波动是指电压方均根值一系列的变动或连续改变，电压波动的幅度和频度会引起电压闪变。闪变是指灯光照度不稳定造成的视感，分为短时间闪变和长时间闪变。电压波动幅度用电压变动表示，是指电压方均根值曲线上相邻两个极值电压之差，以系统标称电压的百分数表示。电压波动的频度用电压变动频度表示，是指单位时间内电压变动的次数，电压由大到小或由小到大各算一次变动。风电场和光伏电站接入电网后，公共连接点的电压波动和闪变应满足 GB/T 12326—2008《电能质量　电压波动和闪变》的规定。电压波动和闪变限值要求如下：

（1）电压波动限值。新能源场站在电力系统公共连接点产生的电压变动，其限值和电压变动频度、电压等级有关，见表 9−5。表 9-5 中系统标称电压 U_n 等级划分：低压（LV）指 $U_n \leqslant 1kV$；中压（MV）指 $1kV < U_n \leqslant 35kV$；高压（HV）指 $35kV < U_n \leqslant 220kV$。对于 220kV 以上超高压（EHV）系统的电压波动限值可参照高压（HV）系统执行。

表 9−5　　　　　　　　　电压波动限值

电压波动频次 r（次/h）	电压变动 d（%）	
	LV、MV	HV
r≤1	4	3
1<r≤10	3	2.5
10<r≤100	2	1.5
100<r≤1000	1.25	1

（2）电压闪变限值。新能源场站的公共连接点，在系统正常运行的较小方式下，以一周（168h）为测量周期，所有长时间闪变值 P_{lt} 应满足表 9−6 的要求。

表 9−6　　　　　　　　　闪变限值 P_{lt}

电压等级	闪变限值 P_{lt}
≤110kV	1
>110kV	0.8

4. 三相电压不平衡度

三相电压不平衡是指电力系统各处的实际运行三相电压在幅值上不同或相位差不是 120°，或兼而有之。新能源场站三相不平衡一般用三相电压负序基波分量与正序基波分量的方均根值百分比表示，即三相电压不平衡度。风电场和光伏电站接入电网后，公共连接点的三相电压不平衡度应满足 GB/T 15543—2008《电能质量　三相电压不平衡》的规定。

新能源场站公共连接点的三相电压不平衡度限值为：电网正常运行时，负序电压不平衡度不超过 2%，短时不得超过 4%。新能源场站引起公共连接点的电压不平衡度允许值一般为 1.3%，短时不超过 2.6%。

5. 频率偏差

频率偏差是指电力系统各处的实际运行频率的实际值与标称值之差。风电场和光伏电站接入公共连接点所允许的频率偏差应满足 GB/T 15945—2008《电能质量　电力系统频率偏差》的规定。

新能源场站正常运行时，公共连接点的系统频率偏差变化限值为 ±0.2Hz。

（二）电能质量运行监督

1. 电能质量在线监测装置测量内容与数据存储要求

（1）电能质量在线监测装置测量内容应包括谐波、电压偏差、电压波动和闪变、三相电压不平衡度、频率偏差等。数据存储要求：在线监测装置当地应存储所设定的 1min 整数倍（但不大于 10min）累计周期的累计记录和 2h 记录，并至少存储 30 天稳态电能质量数据。

（2）在线测试应实现连续测试，每季度分析一次电能质量在线数据，每季度向上级上报分析报告。

2. 电能质量事故或故障分析

若新能源场站发生电能质量相关事故或故障，应开展电能质量专项分析，出具谐波特性、电压偏差、电压波动和闪变、三相电压不平衡度等专题分析与评估报告，并及时治理。

3. 电能质量在线监测装置校验

电能质量在线监测装置应有定期校验计划，检定周期不应超过 5 年。修理后的装置应经检定合格后投入使用。

4. 电能质量测试分析仪

实验室型和便携型电能质量测试分析仪应制定定期检定计划，检定周期不应超过 2 年，使用频繁的仪器检定周期不宜超过 1 年。修理后的分析仪应经检定合格后投入使用。

二、功率控制能力技术监督

新能源场站中有功功率和无功功率通过有功功率自动控制系统（AGC）和电压自动

控制系统（AVC）实现调节。AGC、AVC 应对场站内风电机组、光伏逆变器及无功补偿装置进行协调控制，整站功率控制能力受控制设备性能、设备数量、站内拓扑结构、通信时延、控制场景和策略等多方面影响。新能源场站功率控制能力差异较大，如不满足要求，将对电力系统调峰、无功调节及电压控制带来重要影响。因此，加强新能源场站的功率控制能力技术监督十分必要。

功率控制能力技术监督内容应包括新能源场站并网点的有功功率控制及无功功率控制能力指标，AGC/AVC 的配置、运行情况及其检测内容和方法。

（一）功率控制能力指标监督

1. 有功功率变化

有功功率变化是指一定时间间隔内，新能源场站的有功功率最大值和最小值之差。风电场有功功率变化包括 1min 有功功率变化和 10min 有功功率变化，光伏电站只评估 1min 有功功率变化。新能源场站有功功率变化应满足 GB/T 19963.1—2021《风电场接入电力系统技术规定　第 1 部分：陆上风电》和 GB/T 19964—2012《光伏发电站接入电力系统技术规定》的规定。

新能源场站有功功率变化限值要求如下：

（1）风电场有功功率变化限值要求。在风电场并网、正常停机以及风速增长过程中，风电场有功功率变化应满足电力系统安全稳定运行的要求，风电场有功功率变化限值见表 9-7。允许出现因风速降低或风速超出切出风速而引起的风电场有功功率变化超出有功功率变化最大限值的情况。

表 9-7　　　　　　　　　　风电场有功功率变化限值

风电场装机容量 P_N（MW）	10min 有功功率变化最大限值（MW）	1min 有功功率变化最大限值（MW）
$P_N<30$	10	3
$30 \leqslant P_N \leqslant 150$	$P_N/3$	$P_N/10$
$P_N>150$	50	15

（2）光伏电站有功功率变化限值要求。在光伏电站并网、正常停机及太阳能辐照度增长过程中，光伏电站有功功率变化应满足电力系统安全稳定运行的要求，光伏电站有功功率变化速率应不超过 $10\%P_N$/min，允许出现因辐照度降低而引起的光伏电站有功功率变化超出有功功率变化速率的情况。

2. 有功功率控制能力

新能源场站有功控制按照 AGC 电力系统调度机构的目标值调节，新能源场站有功功率控制能力指标包括超调量、调节时间和控制精度。新能源场站有功功率控制应满足 NB/T 31078—2016《风电场并网性能评价方法》、GB/T 31365—2015《光伏发电站接入电网检测规程》和 NB/T 32026—2015《光伏发电站并网性能测试与评价方法》的规定。

有功功率控制限值要求如下：

（1）风电场有功功率控制限值要求。风电场有功功率设定值控制允许的最大偏差不超过风电场装机容量的 3%；风电场有功功率控制响应时间不超过 120s；有功功率控制超调量不超过风电场装机容量的 10%。

（2）光伏电站有功功率控制限值要求。光伏电站有功功率设定值控制允许的最大偏差不超过光伏电站装机容量的 5%；光伏电站有功功率控制响应时间不超过 60s；光伏电站有功功率控制超调量不超过光伏电站装机容量的 10%。

3. 无功功率输出能力

新能源场站配置的风电机组、光伏逆变器、无功补偿装置的无功调节容量应满足 GB/T 19963.1—2021《风电场接入电力系统技术规定 第 1 部分：陆上风电》和 GB/T 19964—2012《光伏发电站接入电力系统技术规定》的规定。

4. 无功功率控制能力

新能源场站无功控制按照 AGC 电力系统调度机构的目标值调节，新能源场站无功电压控制能力主要评估无功稳态控制响应时间。新能源场站无功电压控制应满足 NB/T 31078—2016《风电场并网性能评价方法》、GB/T 31365—2015《光伏发电站接入电网检测规程》和 NB/T 32026—2015《光伏发电站并网性能测试与评价方法》的规定。无功电压稳态控制的响应时间应不超过 30s。

（二）AGC 运行监督

（1）新能源场站应按照调度运行要求装设 AGC 子站，AGC 子站各项性能应满足电网运行的需要。

（2）AGC 子站应完成静态、动态、闭环联调等工作，并出具报告。

（3）AGC 对新能源场站有功功率控制精度，响应时间等参数应满足调度控制要求。

（4）AGC 应具备限定新能源场站 10min 和 1min 功率变化率的能力。

（5）AGC 控制模式、有功功率目标值、调节死区、调节速率限值、计划曲线等参数设置应满足调度控制要求。

（6）在并网新能源场站 AGC 子站闭环运行时，电力调度机构按月统计各新能源场站 AGC 子站投运率，投运率应不低于 98%。投运率计算见式（9-2），即

$$AGC\ 投运率 = 子站投运时间/新能源场站运行时间 \times 100\% \qquad (9-2)$$

在计算投运率时，扣除因电网原因或因新设备投运期间子站配合调试原因造成的系统退出时间。

（三）AVC 运行监督

（1）新能源场站应按照调度运行要求装设 AVC 子站，AVC 子站各项性能应满足电网运行的需要。

（2）AVC 子站应完成静态、动态、闭环联调等工作，并出具报告。

（3）AVC 子站涉网参数应按照所属电网调度机构的要求进行设置。

（4）子站接受主站指令进行无功控制操作时，应按新能源发电机组，动态无功补偿装置，调节主变压器分接头的顺序执行。

（5）新能源发电机组应在超前 0.95～滞后 0.95 功率因数范围内快速调节，并开放接受外部控制命令的接口。

（6）应开展 AVC 子站设备无功控制能力测试。

（7）在并网新能源场站 AVC 装置同所属电力调度机构主站 AVC 闭环运行时，电力调度机构按月统计各新能源场站 AVC 子站投运率，投运率应不低于 98%。投运率计算见式（9-3），即

$$AVC 投运率 = 子站投运时间/新能源场站运行时间 \times 100\% \qquad (9-3)$$

在计算投运率时，扣除因电网原因或因新设备投运期间子站配合调试原因造成的系统退出时间。

（8）电力调度机构通过 AVC 按月统计考核新能源场站 AVC 装置调节合格率。电力调度机构 AVC 主站电压指令下达后，新能源场站 AVC 装置应在 2min 内调整到位，合格率应满足调度要求。AVC 调节合格率计算见式（9-4），即

$$AVC 调节合格率 = 执行合格点数/电力调度机构发令次数 \times 100\% \qquad (9-4)$$

（9）新能源场站应按照调度运行要求确保并网点电压（场站升压站高压侧母线）运行在电力调度机构 AVC 主站下发的电压曲线范围之内，电力调度机构按季度印发各新能源场站电压曲线，并按月统计各场站电压合格率，电压合格率计算见式（9-5），即

$$电压合格率 = 并网点电压运行在电压曲线范围之内的$$
$$时间/升压站带电运行时间 \times 100\% \qquad (9-5)$$

三、故障电压穿越能力技术监督

大规模新能源接入电力系统后，电网故障带来的新能源端低电压和过电压问题已成为影响新能源并网规模和安全运行的重要因素。电力系统要求新能源并网具备故障电压穿越能力，在电网运行发生故障引起新能源场站端电压波动时，具备一定的不脱网运行能力，同时要求风电机组和光伏逆变器在电网故障期间对电网形成无功电压支撑作用。新能源故障电压穿越能力对电网安全稳定运行具有重要作用，因此开展新能源场站的故障电压穿越能力技术监督，加强新能源场站的入网评估管理十分必要。

故障电压穿越能力技术监督内容应包括高/低电压穿越能力指标，以及测试验证报告与现场设备的一致性检查。

（一）低电压穿越能力指标监督

1. 风电机组

风电机组低电压穿越能力是指当电网故障或扰动引起电压跌落时，在一定的电压跌

落范围和时间间隔内,风电机组保证不脱网连续运行的能力。风电机组的低电压穿越能力基本要求如下:

在风电机组电压跌落在标称电压 20%～90%,不脱网连续运行时间如图 9－1 所示。

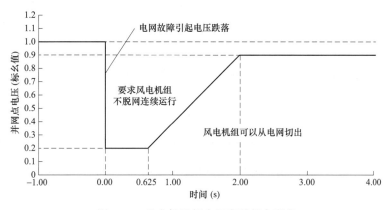

图 9－1　风电机组低电压穿越能力要求

风电机组并网点电压跌落至标称电压的 80% 及以下时,要求风电机组应能提供动态无功支撑能力,对称故障和不对称故障时的动态无功支撑能力参照 GB/T 19963.1—2021《风电场接入电力系统技术规定　第 1 部分:陆上风电》中低电压穿越能力的要求。

对电力系统故障期间没有切出的风电机组,其有功功率在故障清除后应快速恢复,自故障清除时刻开始,以至少 $20\%P_{N}/s$ 的功率变化率恢复至故障前的值。

2. 光伏逆变器

光伏逆变器低电压穿越能力是指当电力系统事故或扰动引起逆变器交流出口侧电压跌落时,在一定的电压跌落范围和时间间隔内,逆变器能够保证不脱网连续运行的能力。光伏逆变器低电压穿越能力基本要求如下:

在光伏逆变器电压跌落在标称电压 0%～90%,不脱网连续运行时间如图 9－2 所示。

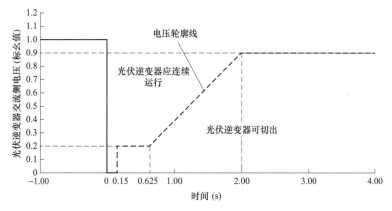

图 9－2　光伏逆变器低电压穿越能力要求

光伏逆变器并网点电压跌落至标称电压的 90% 及以下时，要求光伏逆变器应能提供动态无功支撑能力，对称故障和不对称故障时的动态无功支撑能力参照 GB/T 19964—2012《光伏发电站接入电力系统技术规定》中低电压穿越能力的要求。

低电压穿越期间未脱网的逆变器，自故障清除时刻开始，以至少 30%P_N/s 的功率变化率平滑地恢复至故障前的值。

3. 无功补偿装置

无功补偿装置的低电压穿越能力不低于风电机组和光伏逆变器的低电压穿越能力。

（二）高电压穿越能力指标监督

1. 风电机组

风电机组高电压穿越能力是指当电网故障或扰动引起电压升高时，在一定的电压升高范围和时间间隔内，风电机组保证不脱网连续运行的能力。风电机组的高电压穿越能力基本要求如下：

在风电机组电压升高至标称电压的 110%～130%，不脱网连续运行时间如图 9-3 所示。

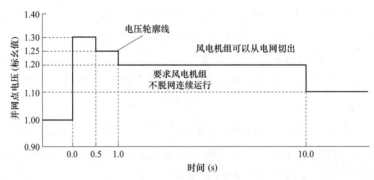

图 9-3　风电机组高电压穿越能力要求

风电机组并网点电压升高至标称电压的 110% 及以上时，要求风电机组应能提供动态无功支撑能力，动态无功支撑能力参照 GB/T 19963.1—2021《风电场接入电力系统技术规定　第 1 部分：陆上风电》中高电压穿越能力的要求。

风电机组并网点电压升高期间，在满足动态无功电流支撑能力的前提下，风电场应具备有功控制能力。风电机组输出有功功率应结合当前风速情况执行当前的电力系统调度机构指令，若无调度指令，输出实际风况对应的有功功率。

2. 光伏逆变器

光伏逆变器高电压穿越能力是指当电力系统事故或扰动引起逆变器交流出口侧电压升高时，在一定的电压升高范围和时间间隔内，逆变器能够保证不脱网连续运行的能力。光伏逆变器的高电压穿越能力基本要求如下：

在光伏逆变器电压升高至标称电压的 110%～130%，不脱网连续运行时间如图 9-4 所示。

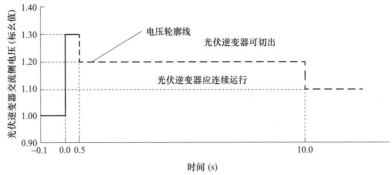

图 9-4　光伏逆变器高电压穿越能力要求

光伏逆变器并网点电压升高至标称电压的 110%及以上时，要求光伏逆变器应能提供动态无功支撑能力，动态无功支撑能力参照 GB/T 37408—2019《光伏发电并网逆变器技术要求》中高电压穿越能力的要求。

高电压穿越期间未脱网的逆变器，其电网故障期间输出的有功功率应保持与故障前输出的有功功率相同，允许误差不应超过 $10\%P_N$。

3. 无功补偿装置

无功补偿装置的高电压穿越能力不低于风电机组和光伏逆变器的高电压穿越能力。

（三）报告与设备一致性检查

新能源场站需提供由第三方有资质的单位出具的新能源发电机组故障电压穿越能力评估报告。报告中的机组型号、关键部件参数必须与新能源场站现场实际使用的机组完全一致，方可认为现场机组具备故障电压穿越能力。

四、电网适应性技术监督

当电力系统发生扰动时，新能源发电设备如果不具备一定的耐受扰动能力，直接脱网，将加剧电力系统电压和频率的恶化，严重影响电力系统运行的安全稳定性。GB/T 19963.1—2021《风电场接入电力系统技术规定　第 1 部分：陆上风电》和 GB/T 37408—2019《光伏发电并网逆变器技术要求》要求新能源应具备一定的电压、频率的耐受能力。开展新能源场站的电网适应性技术监督，可客观评估新能源发电设备对电网扰动的适应能力，保障电力系统的安全稳定运行。

电网适应性技术监督内容应包括新能源发电设备的电压适应性和频率适应性指标，以及涉网保护定值的设置方式。

（一）电网适应性指标监督

1. 风电机组

GB/T 19963.1—2021《风电场接入电力系统技术规定　第 1 部分：陆上风电》对接

入 110kV 电压等级及以上的集中式风电场的电网适应性做了明确的技术要求，110kV 电压等级以下的风电场参照 GB/T 19963.1—2021《风电场接入电力系统技术规定　第 1 部分：陆上风电》的要求，具体根据地方调度机构的要求执行。评价性能的指标主要包括电压、频率偏差、三相电压不平衡、电压闪变、谐波电压共 5 种电网扰动下的适应性能，具体要求内容如下：

（1）电压适应性。当风电场并网点电压为标称电压的 90%～110% 时，风电机组应能正常连续稳定运行；当风电场并网点电压低于标称电压的 90% 或超过标称电压的 110% 时，风电机组应能按照 GB/T 19963.1—2021《风电场接入电力系统技术规定　第 1 部分：陆上风电》规定的低电压和高电压穿越的要求运行，具体要求详见本章第一节。

（2）频率偏差适应性。GB/T 19963.1—2021《风电场接入电力系统技术规定　第 1 部分：陆上风电》对风电场在不同电力系统频率范围内的运行做了规定，如表 9–8 所示。

表 9–8　　　　　　　　　风电场在不同电力系统频率范围内的运行规定

电力系统频率范围	要求
$f < 46.5Hz$	根据风电场内风电机组允许运行的最低频率而定
$46.5Hz \leqslant f < 47Hz$	风电场具有至少运行 5s 的能力
$47Hz \leqslant f < 47.5Hz$	风电场具有至少运行 20s 的能力
$47.5Hz \leqslant f < 48Hz$	风电场具有至少运行 60s 的能力
$48Hz \leqslant f < 48.5Hz$	风电场具有至少运行 30min 的能力
$48.5Hz \leqslant f \leqslant 50.5Hz$	连续运行
$50.5Hz < f \leqslant 51Hz$	风电场具有至少运行 3min 的能力，并执行电力系统调度机构下达的降低功率或高周切机策略，不允许停机状态的风电机组并网
$51Hz < f \leqslant 51.5Hz$	风电场具有至少运行 30s 的能力，并执行电力系统调度机构下达的降低功率或高周切机策略，不允许停机状态的风电机组并网
$f > 51.5Hz$	根据风电场内风电机组允许运行的最高频率而定

（3）其他电能质量指标适应性。当风电场并网点的闪变值满足 GB/T 12326—2008《电能质量　电压波动和闪变》、谐波值满足 GB/T 14549—1993《电能质量　公用电网谐波》、三相电压不平衡度满足 GB/T 15543—2008《电能质量　三相电压不平衡》的规定时，风电场的风电机组应能正常连续稳定运行。

2. 光伏逆变器

GB/T 19964—2012《光伏发电站接入电力系统技术规定》对接入 35kV 电压等级及 10kV 专线接入的集中式光伏电站的电网适应性做了明确的技术要求，评价性能的指标主要包括电压、频率偏差、三相电压不平衡、电压闪变、谐波电压共 5 种电网扰动下的适应性能，具体要求内容如下：

（1）电压适应性。当光伏电站并网点电压为标称电压的 90%～110%时，光伏逆变器应能正常连续稳定运行；当光伏电站并网点电压低于标称电压的 90%或超过标称电压的 110%时，光伏逆变器应能按照 GB/T 19964—2012《光伏发电站接入电力系统技术规定》规定的低电压和高电压穿越的要求运行，具体要求详见本章第一节。

（2）频率偏差适应性。GB/T 37408—2019《光伏发电并网逆变器技术要求》中对光伏逆变器的频率适应性进行了要求，具体规定如表 9-9 所示。

表 9-9　　　　　　　　　　　　　逆变器频率运行范围

电力系统频率范围	要求
$f < 46.5Hz$	根据逆变器允许运行的最低频率而定
$46.5Hz \leqslant f < 47Hz$	逆变器具有至少运行 5s 的能力
$47Hz \leqslant f < 47.5Hz$	逆变器具有至少运行 20s 的能力
$47.5Hz \leqslant f < 48Hz$	逆变器具有至少运行 60s 的能力
$48Hz \leqslant f < 48.5Hz$	逆变器具有至少运行 5min 的能力
$48.5Hz \leqslant f \leqslant 50.5Hz$	连续运行
$50.5Hz < f \leqslant 51Hz$	逆变器具有至少运行 3min 的能力
$51Hz < f \leqslant 51.5Hz$	逆变器具有至少运行 30s 的能力
$f > 51.5Hz$	根据逆变器允许运行的最高频率而定

（3）其他电能质量指标适应性。当光伏电站并网点的谐波值满足 GB/T 14549—1993《电能质量　公用电网谐波》、三相电压不平衡度满足 GB/T 15543—2008《电能质量　三相电压不平衡》、间谐波值满足 GB/T 24337—2009《电能质量　公用电网间谐波》的规定时，光伏电站的光伏逆变器应能正常连续稳定运行。

3. 无功补偿装置

无功补偿装置的电压和频率耐受能力不低于风电机组和光伏逆变器的电压和频率耐受能力。

（二）涉网保护定值监督

风电机组控制系统的高低电压保护、频率异常保护的定值设定应满足 GB/T 19963.1—2021《风电场接入电力系统技术规定　第 1 部分：陆上风电》、GB/T 36995—2018《风力发电机组　故障电压穿越能力测试规程》中电压适应性、频率偏差适应性的要求。

光伏逆变器的高低电压保护、频率异常保护的定值设定应满足 GB/T 37408—2019《光伏发电并网逆变器技术要求》中电压适应性和频率偏差适应性的要求。

（三）报告与设备一致性检查

新能源场站需提供由第三方有资质的单位出具的新能源发电机组电网适应性评估报告。报告中的机组型号、关键部件参数必须与新能源场站现场实际使用的机组完全一致，方可认为现场机组具备电网适应性。

五、功率预测技术监督

风力发电、光伏发电功率预测是提高风电场、光伏发电站出力可预见性，为发电计划制定与电网调度提供决策支持，缓解电力系统调峰、调频压力，尽可能多地消纳风力发电、光伏发电的重要技术保障。同时，风力发电和光伏发电功率预测在电站发电量评估、检修计划制定以及智能运维等方面都将发挥重要作用。因此，新能源场站开展功率预测技术监督工作，可以保证场站和电网协调、稳定运行。

功率预测技术监督内容应包括新能源场站功率预测系统的配置、运行情况，以及其预测上报率、合格率、准确率等指标。

（一）功率预测系统配置和运行监督

（1）风电场应符合 DL/T 1870—2018《电力系统网源协调技术规范》、NB/T 31046—2022《风电功率预测系统功能规范》的规定，配置风电功率预测系统。风电功率预测系统应具备 0～240h 中期风电功率预测、0～72h 短期风电功率预测以及 15min～4h 超短期风电功率预测功能，预测时间分辨率应不低于 15min。风电场应在电力调度机构指定的位置按要求安装测风塔及其配套设备，并将测风塔相关测量数据传送至电力调度机构。

（2）装机容量 10MW 及以上的光伏发电站应配置光伏发电功率预测系统，系统具有 0～72h 短期光伏发电功率预测以及 15min～4h 超短期光伏发电功率测功能。光伏发电站应在能够准确反映站内辐照度的位置装设足够的辐照度测试仪及附属设备，并将辐照度测试仪相关测量数据传送至电力调度机构。光伏发电站应按照电力调度机构要求报送调度侧光伏发电功率预测建模所需的历史数据，并保证数据准确性。

（二）功率预测指标监督

1. 风电场

风电场的风电功率预测系统应每日向电网调度机构上报中期、短期风电功率预测结果，应每 15min 向电网调度机构上报一次超短期功率预测结果。风电场的风电功率预测系统向电网调度机构上报风电功率预测曲线的同时，应上报与预测曲线相同时段的风电场预计开机容量，上报时间间隔应小于或等于 15min。风电场应每 15min 自动向电网调度机构滚动上报当前时刻的开机总容量，风电场应每 5min 自动向电网调度机构滚动上报风电场实时测风数据。

风电场中期功率预测结果第十日（第 217～240h）月平均准确率应不低于 70%，第十日月平均合格率应不低于 70%，月平均上报率应达到 100%。风电场短期风电功率结果日前预测月平均准确率应不低于 83%，日前预测月平均合格率应大于 83%，月平均上报率应达到 100%。风电场超短期第 4h 预测月平均准确率应不低于 87%，第 4h 预测月平均合格率应大于 87%，月平均上报率应达到 100%。风电场的风电功率预测系统应具备在风电场功率受限、风电机组故障或检修等非正常停机情况下功率预测的功能。

2. 光伏发电站

光伏发电站每15min自动向电网调度机构滚动上报未来15min～4h的光伏发电站发电预测曲线，预测值的时间分辨率为15min。光伏发电站每天按照电网调度机构规定的时间上报次日 0:00～24:00 光伏发电站发电功率预测曲线，预测值的时间分辨率为15min。

光伏发电站发电时段（不含出力受控时段）的短期预测月平均绝对误差应小于0.15，月合格率应大于80%；超短期预测第4h月平均绝对误差应小于0.10，月合格率应大于85%。

六、一次调频技术监督

随着新能源在电力系统占比的不断提高，依据 GB 38755—2019《电力系统安全稳定导则》的要求，新能源应具备一次调频能力，当电力系统频率偏离额定值时，新能源响应系统频率偏差快速调节自身有功功率，降低电力系统的频率偏差。新能源一次调频性能对电力系统频率调节发挥重要作用，应开展技术监督，提升新能源网源协调能力。

一次调频技术监督内容主要包括新能源场站一次调频能力建设情况，以及一次调频指标监督。

（一）一次调频能力建设监督

（1）接入 35kV 及以上电压等级的并网新能源场站应具备一次调频功能，并网运行时一次调频功能应始终投入并确保正常运行。

（2）新能源场站的有功功率控制系统应与一次调频系统频率响应性能协同一致。

（3）新能源场站一次调频参数和性能应满足电力系统调度的要求，一次调频功能的投入、退出和关键参数（一次调频死区、一次调频调差率及投用条件等）的更改，应经调度机构批准。

（4）新建及改扩建新能源场站应具备一次调频功能，并在并网时开展一次调频试验，开展一次调频改造的新能源场站应在改造完成后开展一次调频试验，试验前应向调度机构报送试验计划。

（二）一次调频指标监督

对于新能源场站参与电网一次调频的技术指标和要求，应参照 GB/T 19963.1—2021《风电场接入电力系统技术规定 第 1 部分：陆上风电》、GB/T 40595—2021《并网电源一次调频技术规定及试验导则》等标准的规定。技术监督工作应按照各网省公司调度的具体要求开展。

1. 一次调频参数要求

新能源场站的一次调频控制曲线如图 9-5 所示，有功目标值按照式（9-6）计算。

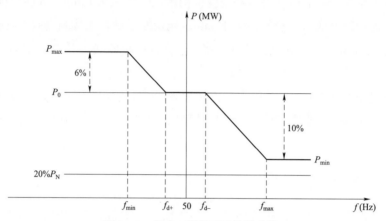

图 9-5　有功-频率下垂特性曲线

$$P = P_0 - P_N \frac{f - f_d}{f_N} \times \frac{1}{\delta} \qquad (9-6)$$

式中　f——电网实际频率，Hz；

$\quad P$——一次调频动作目标功率，MW；

$\quad f_d$——一次调频动作门槛值，Hz；

$\quad P_N$——新能源场站额定功率，MW；

$\quad \delta$——新能源场站一次调频调差率，%；

$\quad P_0$——新能源场站功率初值，MW。

（1）新能源场站输出功率大于 20%有功功率额定值时，应启动一次调频功能。

（2）频率下扰时一次调频响应限幅不应小于新能源场站额定出力的 10%，频率上扰时一次调频响应限幅不应小于新能源场站额定出力的 6%。当电网高频扰动情况下，有功功率降至额定出力的 10%时可不再向下调节。

（3）一次调频动作门槛值应按照电网调度实际要求，一般参数设置为 50Hz±（0.03~0.1）Hz；新能源场站一次调频调差率 δ 为新能源场站一次调频有差调节斜率的倒数，即考虑一次调频死区的单位频率变化调节功率的倒数，按照电网调度实际要求设置。

（4）新能源场站一次调频响应功能应与 AGC 相协调，即新能源场站有功功率控制目标值应考虑 AGC 指令值与一次调频有功功率指令值之间的闭锁/叠加逻辑。

（5）一次调频功能的投入不会限制新能源出力，即实际低频工况时，各新能源电站应根据实际运行工况参与电网一次调频。

2. 一次调频响应性能要求

一次调频应满足以下要求（监督工作中应按照调度实际要求）：

（1）响应滞后时间。自频率越过新能源场站调频死区开始到发电出力可靠地向调频方向开始变化所需的时间应不超过 2s。

（2）响应时间。自频率超出调频死区开始，至有功功率调节量达到调频目标值与初始功率之差的 90%，风电场不超过 12s，光伏电站不超过 5s。

（3）调节时间。自频率超出调频死区开始，至有功功率达到稳定（功率波动不超过额定出力的 ±1%，光伏、风电均不超过 15s）。

（4）调频控制偏差。不应超过额定出力的 ±1%。

第二节　典型案例分析

一、电能质量技术监督典型案例分析

对某电网 71 座新能源场站进行电能质量专项技术监督检查，主要对并入电网的与电能质量有关的新能源发电设备进行技术监督管理，对新能源场站设备运行过程中存在的电能质量问题进行全面检查，并制定、提出相应的整改措施或建议，提高新能源场站并网的电能质量水平，保障新能源场站及电网的安全、稳定运行。

（一）电能质量技术监督情况

1. 电能质量入网测试

（1）部分新能源场站并网运行后未开展电能质量测试工作，完成检测并提供报告的场站占比为 88.73%，如图 9-6 所示。

（2）开展测试的新能源场站存在电能质量不合格的指标情况，如图 9-7 和图 9-8 所示。存在不合格指标的场站未进行原因查找和整改工作，长期带病运行，存在安全隐患。

（3）部分风电场和光伏电站扩建和更换 SVG 等重要设备后，未重新开展电能质量测试。

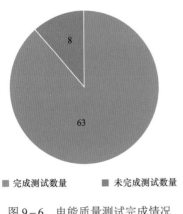

图 9-6　电能质量测试完成情况

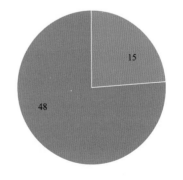

图 9-7　电能质量测试合格情况

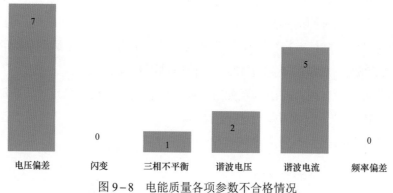

图 9-8 电能质量各项参数不合格情况

2. 电能质量在线监测装置

（1）70 座新能源场站配置了电能质量在线监测装置，只有 1 座场站未配置。配置电能质量在线监测装置的 70 座新能源场站中，装置硬件故障不能正常运行占比 19.7%，如图 9-9 所示。

（2）电能质量在线监测装置未接入并网点的三相电流和三相电压，监测装置无并网点电能质量指标监测数据，如图 9-10 所示。

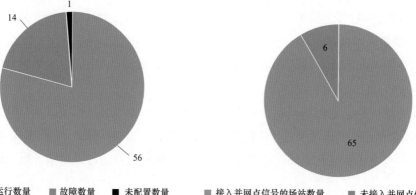

图 9-9 电能质量在线监测装置运行情况   图 9-10 电能质量在线监测装置接入并网点信号情况

（3）电能质量在线监测装置未进行调试设置，监测数据通道无数值显示或部分显示，电能质量监测指标缺项或不正确，如图 9-11 所示。

（4）电能质量在线监测装置未设置各项电能质量指标限值或预警值，部分设置不正确，如图 9-12 所示。

（5）电能质量在线监测装置具有数据存储分析功能的，无历史存储数据，场站也未保存记录和分析。

（6）电能质量在线监测装置台账资料不全，缺少出厂校验报告、定期校验报告和调试报告，装置采集的数据准确率无法保证。

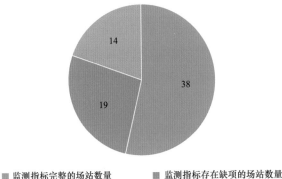

■ 监测指标完整的场站数量　　■ 监测指标存在缺项的场站数量
■ 故障无法查看的场站数量

■ 正确设置的数量　　■ 未设置的数量
■ 设置有误的数量　　■ 故障无法查看数量

图 9-11　电能质量在线监测指标完整性情况　　　　图 9-12　电能质量在线监测
装置限值预警设置情况

（二）监督建议

针对以上在检查中发现的关键共性问题，提出以下几方面整改措施及建议：

（1）新建、扩建及改建后应开展电能质量入网参数测试工作。新能源场站应按照 GB/T 40594—2021《电力系统网源协调技术导则》、GB/T 19963.1—2021《风电场接入电力系统技术规定　第 1 部分：陆上风电》、GB/T 19964—2012《光伏发电站接入电力系统技术规定》等标准的规定，新建、扩建或改建（更换风电机组、光伏发电单元及无功补偿装置等影响运行电能质量的设备）新能源场站应在并网运行后 6 个月内委托具备相应测试资质的单位开展电能质量测试工作，并提供电能质量入网参数测试报告。未开展该项测试工作的场站应尽快委托具备相应测试资质的单位开展电能质量入网参数测试工作，现场能够提供新能源场站（光伏电站）入网电能质量测试报告。

（2）电能质量入网参数测试报告中电能质量指标应满足 GB/T 14549—1993《电能质量　公用电网谐波》、GB/T 24337—2009《电能质量　公用电网间谐波》、GB/T 12325—2008《电能质量　供电电压偏差》、GB/T 12326—2008《电能质量　电压波动和闪变》、GB/T 15543—2008《电能质量　三相电压不平衡》及 GB/T 15945—2008《电能质量　电力系统频率偏差》规定的限值。新能源场站应对不满足要求的电能质量指标进行监测和分析，尽快查找原因进行整改，整改完成后委托具备相应测试资质的单位重新开展电能质量测试工作，并提供新能源场站（光伏电站）入网电能质量测试报告。

（3）电能质量在线监测装置设备故障、监测指标缺项、无法显示数据、通道接入不正确、限值预警设置不正确、数据记录分析功能不能正常使用应尽快整改。新能源场站（光伏电站）应按 DL/T 1053—2017《电能质量技术监督规程》的规定，尽快对电能质量在线监测装置进行修复、调试，接入并网点监测数据，监测电能质量指标至少应包括并网点三相电压、三相电流、电压偏差、闪变、三相电压不平衡、2～25 次谐波电压含有率和电压总谐波畸变率、2～25 次谐波电流及频率偏差等，并对装置的预警限值进行正确设置，发挥正常的监测预警作用。部分场站配置了能记录数据的在线分析电脑和软件，应进行调试修复，恢复正常的数据统计和分析功能，便于场站加强电能质量的监督管理。电能质量在线监测装置修复或更换后，应提供具有第三方监测资质单位出具的出厂校验报告和厂家的调试报告。电能质量在线监测装置应不少于 5 年进行定期校验。

二、新能源场站功率控制能力技术监督典型案例分析

为促进电网安全稳定运行，提高电网接纳新能源的能力，针对某地区电网 32 家新能源场站进行了功率控制能力专项技术监督，掌握其有功功率和无功功率的调节能力、AGC 和 AVC 运行情况，完善和加强功率控制能力技术监督管理，提出有效整改措施，提高新能源场站并网安全稳定运行。

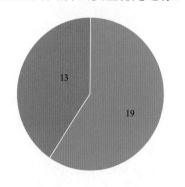

■ 完成测试数量　　■ 未完成测试数量

图 9-13　功率控制能力测试完成情况统计结果

（一）功率控制能力监督情况

1. 功率控制能力测试完成情况

专项监督的 32 座新能源场站，部分场站未开展功率控制能力测试工作，完成检测并提供报告的场站占比为 59.38%，如图 9-13 所示。

2. 功率自动控制系统运行情况

新能源功率自动控制系统配置率为 100%，系统能够按照调度要求正常投入使用（其中两个风电场风电机组不具备变桨调节功率能力，按照调度要求未配置 AGC），主要运行情况如下：

（1）有功功率自动控制系统（AGC）。部分场站 AGC 调度有功指令执行存在调节不合格的情况，调度计划曲线存在考核情况；部分场站 AGC 调节死区设置值不满足相关标准要求，少部分场站在 AGC 显示和设置界面上无法查询到调节死区设置值；部分场站 AGC 有功调节速率设置值不满足相关标准限值的要求，具体如图 9-14 所示。

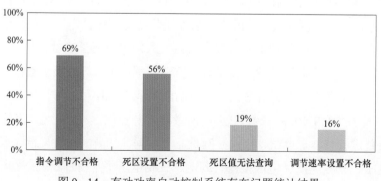

图 9-14　有功功率自动控制系统存在问题统计结果

（2）电压自动控制系统（AVC）。部分场站新能源机组无功调节能力在 AVC 中设置的功率因数调节范围不满足±0.95 间连续可调；大部分场站 AVC 无功控制优先调用无功补偿装置的无功能力，未按要求优先调用新能源机组的无功能力调整电压；场站无功补偿装置容性和感性调节范围满足接入系统无功补偿容量专题计算要求的无功容量；部分场站 AVC 恒电压执行存在调节不合格的情况，调度对 AVC 调节合格率进行考核，具体如图 9－15 所示。

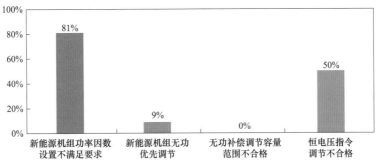

图 9－15　电压自动控制系统存在问题统计结果

（3）AGC 和 AVC 调试。部分场站不能提供 AGC 和 AVC 调试报告，场站未对功率控制功能进行调试验证，如图 9－16 所示。

（二）监督建议

针对以上在检查中发现的关键共性问题，提出以下整改措施及建议。

1. 开展功率控制能力测试工作

新能源场站应按照 GB/T 19963.1—2021

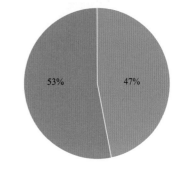

■ 未提供测试报告场站占比　■ 提供测试报告场站占比

图 9－16　AGC 和 AVC 调试完成情况统计结果

《风电场接入电力系统技术规定　第 1 部分：陆上风电》和 GB/T 19964—2012《光伏发电站接入电力系统技术规定》的规定，在并网运行后 6 个月内委托具备相应测试资质的单位开展功率控制能力测试工作，并提供新能源场站入网功率控制能力测试报告。开展测试前，AGC 和 AVC 应完成功能调试测试工作。新扩建或改建机组和无功补偿等影响功率控制能力的关键设备后，应重新开展功率控制能力测试工作。如经测试功率控制能力功率变化率、有功控制响应时间和精度、无功控制响应时间和精度指标不满足相关标准要求，应尽快联系机组、无功补偿、AGC 和 AVC 厂家寻找不达标原因，提升设备性能，优化控制策略，整改完成后委托具备相应测试资质的单位重新开展功率控制能力测试工作，并提供新能源场站功率控制能力测试报告。

2. AGC 调度有功指令执行

新能源场站应按照电网调度要求，严格执行电网调度机构下达的调度计划曲线（含实时调度曲线），超出曲线部分的电量列入考核，要求在限电时段内实时发电出力不超调度要求的精度。如场站 AGC 对调度有功指令的有功功率控制不满足调节目标值精度的要求，新能源场站应尽快联系机组、AGC 厂家寻找不满足控制精度原因，改善设备控制精度，优化控制策略，整改完成后委托具备相应测试资质的单位重新开展功率控制能力测试工作，验证控制精度是否满足要求。

3. AGC 调节死区设置

按照 NB/T 31110—2017《风电场有功功率调节与控制技术规定》的规定，AGC 有功功率控制死区不大于风电场装机容量的 0.5%，风电场应按照标准要求修改调节死区设置值，调整风电机组控制能力满足整站功率控制调节死区要求，整改完成后 AGC 应对 AGC 控制死区进行测试验证。光伏发电站的功率调节死区在 GB/T 40289—2021《光伏发电站功率控制系统技术要求》中未作要求，建议 AGC 参考风电调节死区设置值或者调度要求值。

4. AGC 有功调节速率设置

按照 NB/T 31110—2017《风电场有功功率调节与控制技术规定》、NB/T 31078—2022《风电场并网性能评价方法》等标准的规定，风电场场站 AGC 调节有功功率时，场站按照 20% 场站装机容量为调节步长，将有功功率平滑控制至新的设定值时，应满足在 120s 内将调节精度控制在 3% 的目标值范围内。按照 NB/T 32026—2015《光伏发电站并网性能测试与评价方法》的规定，光伏电站有功功率限值控制模式下和有功功率定值控制模式下，功率控制系统应在 60s 内控制光伏发电站有功功率平滑调节到设定值，实际值与指令值之差应不大于电站额定功率的 5% 的目标值。新能源场站应按照要求核对新能源机组功率调节速率是否满足该要求，不满足要求应尽快升级改造，同时对 AGC 的调节速率进行设置，整改完成后委托具备相应测试资质的单位重新开展功率控制能力测试工作，验证控制精度、响应时间、调节时间是否满足标准限值的要求。

5. 新能源机组无功控制

按照 GB/T 19963.1—2021《风电场接入电力系统技术规定 第 1 部分：陆上风电》和 GB/T 19964—2012《光伏发电站接入电力系统技术规定》的规定，新能源场站在 AVC 控制中应优先调用新能源机组的无功能力，新能源机组的功率因数调节范围应满足 ±0.95 间连续可调，机组无功能力不满足电压调节需求后，再调节无功补偿装置，新能源场站应按照标准要求，尽快联系 AVC 厂家修改完善控制策略，在新能源无功出力范围按照满足机组功率因数 ±0.95 间连续可调设置，保障场站并网点电压调节。

6. AVC 恒电压指令执行

新能源场站应严格执行电网调度机构下达的电压指令，场站内 AVC 在一定时间内调整到规定死区范围内为合格。电力调度机构通过 AVC 考核新能源场站 AVC 调节合格率。AVC 合格率一般以 96% 为合格标准，全月 AVC 合格率低于 96% 的新能源场站考核电量。AVC 子站并网点电压的控制跟踪偏差应按照调度要求。推荐 220kV 及以上并网点电压的控制跟踪偏差小于或等于 1kV，110kV、35kV 并网点电压的控制跟踪偏差小于或等于 0.5kV。新能源机组和无功补偿装置无功功率调节速率和精度如不满足电压调节时间和精度要求，应尽快升级改造，同时对 AVC 的死区进行正确设置，整改完成后委托具备相应测试资质的单位重新开展无功功率控制能力测试工作，验证无功电压控制精度、响应时间、调节时间是否满足标准限值要求。

7. AGC 和 AVC 调试测试报告

按照 NB/T 31110—2017《风电场有功功率调节与控制技术规定》和 GB/T 40289—2021《光伏发电站功率控制系统技术要求》的规定，AGC 和 AVC 投运要进行功能调试和功率控制能力测试。未开展调试和测试的新能源场站应尽快委托厂家开展 AGC 和 AVC 的调试和测试工作，保障系统的各项功能和控制指标满足调度要求。

三、电网适应性技术监督典型案例分析

为进一步提升网源协调及涉网安全水平，提高对新能源场站关键涉网设备电网适应性技术管理能力，对某地区电网开展 40 座新能源场站风电机组、光伏逆变器、动态无功补偿装置电网适应性专项技术监督工作。

（一）风电场电网适应性

（1）新能源场站中风电场 28 座，其中 17 座风电场不能提供风电机组电网适应性现场测试报告或型式试验报告，如图 9-17 所示。

（2）风电场风电机组保护定值单只有风电机组欠频、过频的保护定值，未按照相关标准的要求明确在不同频率下的保持不脱网运

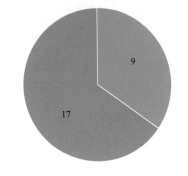

■ 提供测试报告数量　■ 不能提供测试报告数量

图 9-17　风电机组电网适应性测试报告情况

行时间，该保护定值单只能作为现场检查的参考，而不能作为机组具备合格频率适应性能力的判定依据。

（3）24 座风电场风电机组能够提供低电压穿越能力现场测试或型式试验报告，如图 9-18 所示，其中有 1 座风电场提供的测试报告风电机组变流器型号不一致、4 座风电场的风电机组变流器控制软件版本号不一致。所有风电机组提供的保护定值单满足 90%~110% 标称电压的电压适应性能力。只有 3 座风电场的风电机组能够提供高电压穿越能力型式试验报告，如图 9-19 所示。

（二）光伏电站电网适应性

（1）新能源场站中光伏电站 12 座，其中 5 座光伏电站不能提供逆变器电网适应性现场测试报告或型式试验报告，如图 9-20 所示。

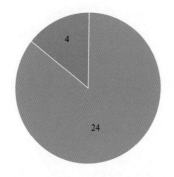

　　■ 提供测试报告数量　　■ 不能提供测试报告数量

图 9−18　风电机组低电压穿越测试报告情况

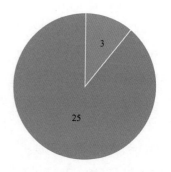

　　■ 提供测试报告数量　　■ 不能提供测试报告数量

图 9−19　风电机组高电压穿越测试报告情况

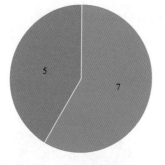

　　■ 提供测试报告数量　　■ 不能提供测试报告数量

图 9−20　光伏逆变器电网适应性测试报告情况

　　（2）光伏电站光伏逆变器保护定值单只有光伏逆变器欠频、过频的保护定值，未按照标准要求明确在不同频率下的保持不脱网运行时间，该保护定值单只能作为现场检查的参考，而不能作为逆变器具备合格频率适应性能力的判定依据。

　　（3）9 座光伏电站光伏逆变器能够提供低电压穿越能力现场测试或型式试验报告，如图 9−21 所示，其中 3 座光伏电站的 4 种逆变器控制软件版本号不一致。所有光伏逆变器提供的保护定值单满足 90%～110%标称电压的电压适应性能力。只有 1 座光伏电站的逆变器能够提供高电压穿越能力型式试验报告，如图 9−22 所示。

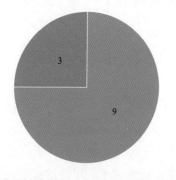

　　■ 提供测试报告数量　　■ 不能提供测试报告数量

图 9−21　光伏逆变器低电压穿越测试报告情况

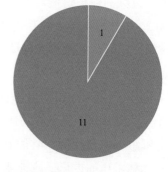

　　■ 提供测试报告数量　　■ 不能提供测试报告数量

图 9−22　光伏逆变器高电压穿越测试报告情况

　　（三）动态无功补偿装置电网适应性

　　（1）40 座新能源场站，其中只有 2 座场站能提供无功补偿装置电网适应性型式试验报告，如图 9-23 所示。

（2）根据未开展测试的 38 座场站的动态无功补偿装置说明书查询，其中 26 套动态无功补偿装置明确不具备低电压和高电压穿越能力，其他 12 套动态无功补偿装置未明确说明是否具备。所有动态无功补偿装置提供的保护定值单满足 90%～110%标称电压的电压适应性能力。

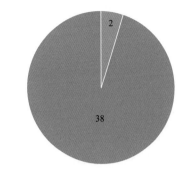

■ 提供测试报告数量　　■ 不能提供测试报告数量

（3）动态无功补偿装置保护定值单只　图 9-23　无功补偿装置电网适应性测试报告情况
有欠频、过频的保护定值，未按照相关标准的要求明确在不同频率下的保持不脱网运行时间，该保护定值单只能作为现场检查的参考，而不能作为无功补偿装置具备合格频率适应性能力的判定依据。

（四）监督建议

针对以上在监督检查中发现的关键共性问题，提出以下几方面整改措施及建议：

（1）新能源场站应与风电机组、光伏逆变器、无功补偿装置厂家核实与现场型号及控制软件版本一致的设备是否已完成型式试验，如已开展，应提供电网适应性型式试验测试报告，核实测试内容是否按照标准中的测试内容全部完成。如未开展型式试验，新能源场站应联系有资质的第三方测试机构，开展现场电网适应性测试，并出具合格的测试报告。

（2）新能源场站风电机组、光伏逆变器、无功补偿装置提供的电网适应性型式试验测试报告与现场型号、控制器软件版本不一致的场站，应联系有资质的第三方测试机构，开展现场电网适应性测试，并出具合格的测试报告。

（3）新能源场站应梳理完善设备台账，核实涉网保护定值是否正确合理。

（4）新能源场站风电机组、光伏逆变器、无功补偿装置不具备电网适应性能力的，应进行现场改造，并开展现场电网适应性测试，并出具合格的测试报告。如风电机组、光伏逆变器各部件软件版本信息、涉网保护定值及关键控制技术参数更改后，应向调控中心提供正式的电网适应能力一致性技术分析及说明资料。

参 考 文 献

[1] 张艺. 风电机组叶片监测及故障诊断系统的设计与实现 [D]. 北京：华北电力大学，2020.

[2] 李震领，李维，姜超. 双馈风电机组变桨系统简介及典型故障处理 [C]//第八届中国风电后市场交流合作大会论文集. 2021.

[3] 董健. 风电机组关键部件故障预警与寿命评估方法及其应用研究 [D]. 北京：华北电力大学，2021.

[4] 吴小江. 大型风电机组叶片常见故障模拟与诊断研究 [D]. 北京：华北电力大学，2020.

[5] 咬登尚，苏小春，谢建成. 1.5MW 风力发电机组变桨电机常见故障分析 [J]. 低碳世界，2016（01）：32－33.

[6] 张育建，王明军. 风电机组变桨电机温度高故障分析 [J]. 风能，2021（08）：76－78.

[7] 廖祥林. 大型风力发电机组变桨轴承滚道分析与优化 [D]. 重庆：重庆大学，2018.

[8] 黄金钟. 风力发电机组紧急变桨蓄电池常见问题分析 [C]. 七届海峡论坛·2015 海峡两岸智能电网暨清洁能源技术研讨会论文集，2015：1－4.

[9] 李青龙. 某在役风电机组叶片连接螺栓变形断裂原因分析及处理 [J]. 风能，2021（06）：76－79.

[10] 王莹，王伟峰，李常，等. 基于风电场实例的风力机叶片失效分析 [J]. 风能产业，2019（02）：99－104.

[11] 马辉，李东明，孔繁荣. 强台风对风电机组造成的损坏案例分析 [J]. 风能产业，2014（06）：53－58.

[12] 成和祥，行九晖，刘杰，等. 风电机组叶片覆冰形成原因及覆冰防治概述 [J]. 电力设备管理，2021（06）：104－107.

[13] 史士义. 风电机组变桨电机温度高故障分析及改进措施 [J]. 风能产业，2018（05）：98－102.

[14] 张举良，陶学军，马仪成. 兆瓦级风电变桨距自动控制系统故障诊断 [J]. 河南科技，2010（05）：59－60.

[15] 江海明，侯砚杰. 风电机组变桨蓄电池电压故障分析 [J]. 风力发电，2015，（02）：14－20.

[16] 李琰. 风电机组发电机故障率高原因探讨及解决方案 [J]. 机电信息，2022（07）：66－68.

[17] 谭永生. 某型号在役风电机组主轴的超声检测技术研究 [J]. 太阳能，2022（02）：81－84.

[18] 于成海，宋井磊. 风电机组直驱永磁发电机故障案例分析 [J]. 现代工业经济和信息化，2021，11（09）：214－216.

[19] 李宣. 基于 EWT 和最优参数精细复合多尺度散布熵的风电机组齿轮箱故障诊断 [D]. 西安：西安理工大学，2021.

[20] 张静. 风电机组齿轮箱轴承故障信号特征提取方法研究 [D]. 淄博：山东理工大学，2021.

[21] 辛昆，马铁，于颖，等. 某风电场兆瓦级双馈异步风电机组发电机轴承故障分析 [J]. 机械研究与应用，2015，28（01）：138－139.

[22] 王岳峰，王书勇，姜宏伟，等. 兆瓦级风电机组联轴器的研究［J］. 机械工程与自动化，2019（04）：101－102＋104.

[23] 曾雨田，李金库，胡云波，等. 风电齿轮箱行星轮轴承跑圈失效分析［J］. 机械工程师，2019（04）：178－180.

[24] 王志勇，黎康康，符嘉靖，等. 基于某风电齿轮箱高速轴故障的分析研究［J］. 风能，2016（10）：90－92.

[25] 王大伟，崔博，王明军. 某风电场 1.5MW 风电机组齿轮箱点蚀及断齿故障分析［J］. 风能，2014（05）：92－95.

[26] 田德，钱家骥. 液压技术在风电机组中的应用现状［J］. 风能，2014（05）：68－72.

[27] 贾福强，高英杰，杨育林，等. 风力发电中液压系统的应用概述［J］. 液压气动与密封，2010（8）：11－14.

[28] 孙勇. 1.5MW 风力发电机组液控技术研究［D］. 杭州：浙江大学，2011.

[29] 宋建安，赵铁栓. 液压传动［M］. 北京：世界图书出版公司，2004.

[30] 柯伟. 风力发电机组传动系统性能研究［D］. 北京：华北电力大学，2008.

[31] 韩利坤. 基于能量液压传递的风力机"变速恒频"技术研究［D］. 杭州：浙江大学，2012.

[32] 王明军，邵勤丰. 风电机组重大事故分析（三）［J］. 风能，2014（12）：62－67.

[33] 王利恩，王霞. V42－600kW 风电机组液压系统常见故障分析［J］. 内蒙古电力技术，2013，31（06）：102－105.

[34] 李明. 液压变桨风电机组变桨油缸漏油综合治理［C］//第八届中国风电后市场交流合作大会论文集. 2021.

[35] 李根，张健，吴士华，等. 风力发电机液压站蓄能器失效分析及采取措施的研究［C］//第五届中国风电后市场专题研讨会论文集. 2018.

[36] 顾天凌，陈伟球，何凯华. 风电机组偏航制动器刹车片磨损故障分析［J］. 黑龙江电力，2017，39（01）：81－84.

[37] 徐昆. 风电机组偏航误差产生机理及调整策略研究［D］. 北京：北方工业大学，2021.

[38] 王彦龙，陆瑞军. 某风电场 1.5MW 机组偏航振动及噪音技改案例［C］//第八届中国风电后市场交流合作大会论文集. 2021.

[39] 陈涛，张文林，刁书广. 某风电机组偏航过度扭缆事件原因分析及解决方案探究［J］. 自动化应用，2021（07）：113－116.

[40] 朱涛，边辉，梁萌. 风电机组偏航和叶片零位桨矩角误差校准分析［C］//第七届中国风电后市场交流合作大会论文集. 2020.

[41] 黄权开，卢成志，洪志刚，等. 基于主控逻辑的风电机组叶片断裂原因分析［J］. 实验室研究与探索，2021，40（01）：22－26＋57.

[42] 王福禄，奚玲玲，孙佳林. 风机主控系统调试与分析［J］. 装备机械，2012（03）：53－58.

［43］颜庭煜，张驭驹，鲁碧桐，等. 风电场#24 风机变流器功率模块烧损原因分析［J］. 河北建筑工程学院学报，2020，38（04）：141－145.

［44］董海燕. 基于 CAN 通信的风机变流器监控技术的研究［D］. 淮南：安徽理工大学，2009.

［45］刘旭. 风机变流器主断路器失效分析与维护检修［J］. 电机技术，2021（01）：26－31.

［46］张海超，赵志鹏. 基于 IEC 61400－25 协议的风电机组远程监控系统的角色权限配置［J］. 风能产业，2017（07）：107－109.

［47］吉洁. 风力发电机组中央远程监控系统平台建设分析与应用［J］. 中国设备工程，2018（09）：169－171.

［48］龙迅，柴建云. 基于组态软件的风电场远程监控系统的研发［J］. 能源与环境，2007（02）：76－78.

［49］孟庆法，田茜茜，潘胜. 户外光伏组件背板外层材料的老化研究［J］. 太阳能，2021（04）：81－84.

［50］陈芳芳. 光伏组件热斑影响实验及数值模拟研究［D］. 杭州：中国计量大学，2020.

［51］王晨思. 基于径向基函数神经网络的光伏组件故障诊断［D］. 保定：河北农业大学，2019.

［52］刘雪晴. 光伏组件热斑效应检测及仿真分析［D］. 呼和浩特：内蒙古大学，2017.

［53］邢涛，陈道远，刘玲玲，等. 系统端光伏组件热斑研究及其成因分析［J］. 太阳能，2015（11）：69－72.

［54］李剑，汪义川，李华. 单晶硅太阳电池组件的热击穿［J］. 太阳能学报，2011，32（05）：690－693.

［55］赵丹. 支持向量机回归算法预测局部遮阴光伏发电系统最大功率［D］. 天津：天津大学，2010.

［56］任龙. 山地光伏电站关键设计技术研究［J］. 科技视界，2022（21）：53－55.

［57］宏宇. 基于端到端数据驱动的光伏逆变器系统 IGBT 故障诊断技术研究［D］. 合肥：合肥工业大学，2021.

［58］邵翊航，张立新，章琦. 某 20MW 光伏电站 5 区 1#、2#逆变器事故分析［J］. 电站系统工程，2021，37（02）：66－69.

［59］贾少荣，贾岳. 商都天润光伏电站汇流箱故障分析及解决方案［J］. 现代信息科技，2021，5（05）：87－89＋92.

［60］孙星，孟亚奇，王烨. 光伏电站汇流箱烧毁事故原因分析及处理［J］. 内蒙古电力技术，2017，35（04）：50－52＋56.

［61］谢洁宇，王海华，常城，等. 光伏电站设计中集中式与组串式逆变器的比较选择［J］. 电工电气，2017（04）：17－20＋67.

［62］张欣鹏，于琼. 大型光伏电站场区设备故障排查与处理［J］. 科学技术创新，2018（36）：185－186.

［63］崔世辉，张欣鹏，王琨. 光伏电站场区通讯故障诊断与处理研究［J］. 科学技术创新，2019（01）：74－75.

［64］高新杰. 光伏电站设备的可靠性分析［J］. 集成电路应用，2020，37（04）：126－127.

［65］郭志刚，韩超飞. 汇流箱熔断器故障分析［J］. 电工技术，2022（02）：70－71.

［66］张喜军，朱凌，张计英，等. 光伏防雷汇流箱增设防反二极管必要性探讨［J］. 低压电器，2013（08）：36－38.